GROSSE ERFINDUNGEN
IN 30 SEKUNDEN

GROSSE ERFINDUNGEN IN 30 SEKUNDEN

50 Errungenschaften, die die Welt veränderten – vom Kompass bis zum Smartphone

Herausgeber
David Boyle

Mit Beiträgen von
David Boyle
Judith Hodge
Diana Rawlinson
Andrew Simms

Abbildungen
Steve Rawlings

Librero

Titel der Originalausgabe »30-Second Inventions«

Postbus 72, 5330 AB Kerkdriel, Niederlande

Verleger **Susan Kelly**
Kreativdirektor **Michael Whitehead**
Chefredakteur **Tom Kitch**
Künstlerischer Leiter **James Lawrence**
Projektredakteure **Fleur Jones, Stephanie Evans**
Gestaltung **Ginny Zeal**
Redaktionsassistent **Jenny Campbell**

Aus dem Englischen von **Christian Fedeler**
Lektorat & Satz **G & R Vilnius**, Litauen

Gedruckt und gebunden in China

ISBN 978-94-6359-048-8

Inhalt

EINFÜHRUNG

David Boyle

Was macht einen erfolgreichen Erfinder aus? Die Liste ist lang. Man benötigt Hintergrundwissen im entsprechenden Bereich – wie die Brüder Wright, die amerikanischen Flugzeugpioniere. Man muss die richtigen Menschen kennen, die einem dabei helfen können, die Erfindung nutzbar zu machen, so wie es der schottische Ingenieur James Watt getan hat, als er sich mit dem namhaften Hersteller Matthew Boulton zusammentat, um die Dampfmaschine zu verbessern. Außerdem braucht man Menschen, die die Tragweite der eigenen Erfindung verstehen; andernfalls kann eine Erfindung ignoriert oder für Jahrzehnte ungenutzt bleiben, wie im Fall der Windkraftmaschine des schottischen Erfinders James Blyth. Man benötigt Investoren und muss in der Lage sein, seine Erfindung zu schützen – eine Erfahrung, die die konkurrierenden Erfinder des Luftreifens, Robert Thomson und John Boyd Dunlop, machen mussten. Doch in erster Linie braucht es einen Moment der Inspiration.

Manchmal ist es eine unerwartete Offenbarung, die dann allmählich in der Theorie ausgearbeitet wird, wie im Falle der Schraube des Archimedes, einer Erfindung der alten Griechen. In anderen Fällen bedarf es einer Reihe aufwendiger Experimente, um zu sehen, ob die Theorie der Praxis standhält; das kann Jahre dauern, wie der englische Ingenieur Frank Whittle erfahren musste, als er sein Düsentriebwerk entwickelte. Oder die Eingebung erscheint, wie es der wegweisende englische Ökonom John Maynard Keynes beschrieb, wie ein »graues Wollmonster in meinem Kopf«.

Betrachtet man einzelne Erfinder und ihre Schöpfungen, wie Sie es Seite für Seite in diesem Buch tun können, dann wird klar, dass Erfindungen auch den richtigen Zeitpunkt brauchen, um erfolgreich zu sein. Wie bei jeder Regel gibt es natürlich auch hier Ausnahmen. Die mechanische Uhr, von den Chinesen im 8. Jahrhundert erfunden, erreichte erst im 12. Jahrhundert die übrige Welt; Papiergeld, erstmals von dem Mongolenherrscher Kublai Khan im 12. Jahrhundert ausgegeben, kam erst im 17. Jahrhundert nach Europa. Grundsätzlich hatten Erfindungen aber deswegen Erfolg, weil sie zu einer Zeit entwickelt wurden, in der die notwendigen Kenntnisse und vor allem auch ein entsprechender Bedarf gegeben waren. Das gilt für Watts Dampfmaschine genauso wie für das Dampfboot, Kunststoff und den Verbrennungsmotor.

Daraus ergibt sich eine wichtige Frage: Waren die Erfinder dieser Dinge die Einzigen, die sie erfinden konnten? Oder waren sie nur zur richtigen Zeit am richtigen Ort, um ihren Konkurrenten voraus zu sein? Wäre James Watt jung gestorben oder in die versuchte Invasion Charles Edward Stuarts hineingezogen worden, der 1745 in Schottland landete, um seinen Thron zurückzuerlangen, oder wäre er nie Student in Glasgow gewesen, hätte er nie seinen Freund, den Physiker John Robison oder führende Köpfe der schottischen Aufklärung kennengelernt, hätte dann jemand der Dampfkraft zum Durchbruch verholfen?

Das wissen wir nicht. Aber bleiben wir beim individuellen Genie. Die Erfinder in diesem Buch sind durchweg Menschen, die ihr Fachgebiet so perfekt beherrschten, dass sie darüber hinausschauen konnten, um weiterreichende Möglichkeiten zu erkennen. Zudem reichte ihr Wissen über das jeweilige Fachgebiet hinaus, sodass sie sich neuen Aufgaben stellen konnten. Der amerikanische Erfinder Thomas Edison behauptete, dass Erfindungen aus einem Prozent Inspiration und 99 Prozent harter Arbeit bestehen, und er selbst bewies dies mit seiner unermüdlichen Suche nach dem richtigen Material, um Helligkeit und Langlebigkeit des Fadens seiner Glühlampe zu erhöhen. Auf ihn waren mehr als 1000 Patente angemeldet, was Beweis genug für seine These sein sollte – aber es gibt auch andere Beispiele. Viele Forscher sind nicht davon überzeugt, das Zeug zu einem »Edison« zu haben, wenn sie nur genug Schweiß in ihre Arbeit stecken. Nein, Augenblicke der Inspiration sind unverzichtbar: Der Fortschritt – sei es in der Technologie, Wirtschaft oder der gesellschaftlichen Entwicklung – gründet auf außergewöhnlichen Ideen.

Außerdem braucht jede Erfindung einflussreiche und wohlhabende Menschen, die bei der Umsetzung der Ideen helfen, und sie brauchen Menschen, die diesen Erfindungen schließlich zum Durchbruch verhelfen. Vielleicht

Genialität

So manch große Erfindung wie etwa das Röntgen verdankt sich dem Zufall; was der Erfinder noch braucht, ist die Erkenntnis des praktischen Nutzens und das Vermögen, seine Vision in die Tat umzusetzen.

liegen hierin die Gründe, dass so viele Erfinder Männer waren, denn niemand sonst verfügte über entsprechende Netzwerke. *Große Erfindungen in 30 Sekunden* berichtet auch von zwei brillanten Erfinderinnen des 20. Jahrhunderts.

Wie dieses Buch aufgebaut ist

In sieben Teilen werden Erfindungen aus verschiedenen Bereichen vorgestellt. Der erste Teil befasst sich mit **Werkstoffen** – von Zement über Erdöl bis zu Kunststoff. **Anlagen- & Maschinenbau** erkundet Neuerungen wie die mechanische Uhr, den Verbrennungsmotor und den Pflug. In **Verkehr & Standort** werden Erfindungen in Verbindung mit Mobilität vorgestellt – vom Luftreifen bis zum GPS-Satellitensystem. **Medizin & Gesundheit** untersucht den Bereich der Medizin – von Antibiotika bis zum Herzschrittmacher. **Kommunikation** behandelt die gesamte Bandbreite von der Druckpresse bis zum Smartphone, wobei natürlich Tim Berners-Lee und das Internet nicht fehlen dürfen. **Wirtschaft & Energie** widmet sich einem breiten Spektrum – von der Kreditkarte bis zur Solarenergie. Der letzte Teil über den **Alltag** beschäftigt sich mit Erfindungen, die für viele heute zur Selbstverständlichkeit geworden sind – von der Heizung und Beleuchtung im Haushalt bis zur Haltbarmachung von Nahrungsmitteln in Konserven und durch Kälte.

Jedes Kapitel in diesem Buch wird von einem knappen 3-Sekunden-Fokus begleitet, der die Fakten auf das absolut Notwendigste reduziert. Ein 3-Minuten-Überblick versucht, die Perspektive auf das jeweilige Thema zu erweitern; abgerundet wird jede Darstellung mit den wichtigsten biografischen Daten zu den entscheidenden Personen.

Dies ist kein Buch, das von vorn nach hinten durchgelesen werden muss. Sie können hier und da eintauchen, um Fakten zu überprüfen, Sie können dem Ringen mit Widrigkeiten einzelner Erfinder folgen oder an Inspirationen teilhaben, die unsere Welt veränderten.

WERKSTOFFE

WERKSTOFFE
GLOSSAR

Antikes Griechenland Konkurrierende und kooperierende Stadtstaaten, die das Lernen und den Sport in den Mittelpunkt stellten, ca. 500 v. Chr.–ca. 500 n. Chr.

Assyrisches Reich Großes Reich im Zweistromland mit den Zentren Assur und Ninive, 2300–600 v. Chr.

Babylonisches Reich Altes Reich im heutigen Irak mit der Hauptstadt Babylon – ca. 1800–ca. 500 v. Chr.

Bakelit Die erste erfolgreich und großräumig vermarktete Form von Kunststoff.

Bitumen Dickes, öliges Gemisch, das zum Ausbessern von Dächern und im Straßenbau verwendet wird.

Beton Gemisch aus Zement, Kies oder Sand und Zusatzstoffen, das allmählich aushärtet.

Crystal Palace Glaskonstruktion, die der Gewächshausarchitekt Joseph Paxton für die erste Weltausstellung in London 1851 in die heutigen Kensington Gardens entwarf. Das Bauwerk wurde ins Upper Norwood verlegt und 1936 durch einen Brand völlig zerstört; es diente zuvor einer ganzen Generation junger Architekten als Inspiration.

Eddystone-Leuchtturm Etwa 14 Kilometer vor der Landspitze Rame Head in Cornwall steht ein Leuchtturm, der die Schiffe vor den Klippen von Eddystone warnt. Er ist der vierte an dieser Stelle; beim Bau seines Vorgängers durch John Smeaton wurde 1759 ein neuartiger Beton verwendet, der unter Wasser aushärtet.

Eisenerz Eisenverbindungen, die aus Gestein extrahiert werden.

Eunuch Kastrat; in chinesischen Herrscherpalästen gab es über viele Jahrhunderte kastrierte Beamte.

Französische Revolution Aufstand gegen die aristokratische Herrschaft, der 1789 in Paris ausbrach. Sie uferte später für einige Zeit in eine Schreckensherrschaft mit blutigen Repressalien aus.

Galvanotechnik Vorgang, bei dem mithilfe von elektrischem Strom ein Objekt mit einer dünnen Metallschicht überzogen wird.

Hethiter Volk auf dem Gebiet der heutigen Türkei, das um 1600 v. Chr. ein Reich begründete.

Industrielle Revolution Entstehung einer industriellen Wirtschaft, die vor allem durch das Aufkommen der Dampfkraft möglich wurde. Das Know-how stammte zu großen Teilen aus Schottland, die Finanzierung aus England. Auch wenn Anfang und Ende nicht klar festzulegen sind, darf als Auslöser die 1770 von James Watt erfundene Dampfmaschine gelten, die völlig neue Möglichkeiten der Produktion eröffnete.

Legierung Gemisch zweier Elemente, das mitunter über Eigenschaften verfügt, die keines seiner Bestandteile besitzt.

Natron Basis für eine frühe Form der Seife, ein Gemisch aus Waschsoda (Natriumkarbonat-Dekahydrat) und Natriumbikarbonat.

Nitrozellulose Leicht entzündliche Verbindung, die ursprünglich unter dem Namen Schießbaumwolle bekannt war.

Pantheon Runder, bis heute erhaltener Tempel in Rom mit einer neuartigen Betonkuppel (fertiggestellt 126 n. Chr. unter Kaiser Hadrian), seit dem 7. Jahrhundert christliche Kirche.

Papyrus Dickes Papier aus den Blättern der Papyruspflanze, zuerst von den alten Ägyptern verwendet.

Paraffin Raffinierter, aus Öl gewonnener Kraft- oder Schmierstoff. Auch als Kerosin bekannt.

Polymer Ein kombiniertes Molekül künstlichen oder natürlichen Ursprungs – Kunststoff und Gummi gehören dazu.

Radialreifen Reifen aus im rechten Winkel zur Fahrtrichtung angeordneten Streifen von gummibeschichtetem Kunststoff.

Roheisen Unreines sprödes Eisen vom Boden eines Hochofens.

Sheffield-Stahl Stahl aus Sheffield in Nordengland. Dass die Stadt sich auf dessen Herstellung spezialisierte, liegt wohl daran, dass dort seit dem 13. Jahrhundert mit viel Erfolg Besteck produziert wurde.

Treibhauseffekt Durch die Verbrennung fossiler Brennstoffe wird die Sonnenwärme in der Erdatmosphäre zurückgehalten. In der Folge steigt die Temperatur, die polaren Eiskappen schmelzen und Wettervorgänge werden gestört. Das Phänomen wurde 1824 erstmals beobachtet.

ZEMENT

30 Sekunden Innovation

3-SEKUNDEN-FOKUS
Zement und Beton, eine Mischung aus Kalk, Sand oder Kies und Wasser, bilden das Fundament der Zivilisation, denn sie halten als Binder Bauwerke zusammen.

3-MINUTEN-ÜBERBLICK
Die Geheimnisse des Zements wurden wiederentdeckt, als Gelehrte in der Renaissance antike Texte fanden. Für einen Meilenstein auf dem Weg zur Moderne war der Ingenieur John Smeaton verantwortlich. Er entwickelte einen Zement, der innerhalb von zwölf Stunden, zwischen Ebbe und Flut, aushärtete. So konnte der dritte Eddystone-Leuchtturm im Ärmelkanal 1759 erfolgreich fertiggestellt werden.

Die Geschichte des Zements

beginnt im alten Orient und im antiken Griechenland, wo die Assyrer – später auch die Babylonier und Griechen – mit aushärtenden Bindemitteln experimentierten, die andere Materialien in Gebäuden zusammenhielten. Die Assyrer benutzten Bitumen, die Ägypter ein Gemisch aus Sand und Gips, um Mörtel herzustellen, der oft mit kleinen Steinen versetzt war. Aber erst die Römer perfektionierten die Idee und schufen einen so vielseitig nutzbaren Beton, wie ihn sich ihre Vorfahren nicht hätten vorstellen können. Der 15 n. Chr. verstorbene römische Architekt Vitruv (Marcus Vitruvius Pollio) beschreibt die Grundlagen in seinen *Zehn Büchern über Architektur*, in dem er festhält, dass die Beimischung von Puzzolane, zerstoßener Vulkanasche, dem Zement das Aushärten unter Wasser ermögliche. Im Pantheon (Baubeginn ca. 118 n. Chr.) wurden die Prinzipien Vitruvs im Auftrag des römischen Kaisers Hadrian spektakulär in die Praxis umgesetzt. Der bis heute erhaltene Bau besitzt die in der Antike größte ungestützte Kuppel. Auch für das weitläufige System der römischen Aquädukte nutzte man Zement und Beton. Mit dem Untergang des Weströmischen Reiches im Jahr 476 ging das Wissen über den haltbaren Beton verloren und wurde erst in der Renaissance wiederentdeckt.

VERWANDTES THEMA
GLAS
Seite 16

3-SEKUNDEN-BIOGRAFIEN

MARCUS VITRUVIUS POLLIO
ca. 80–70 v. Chr.–ca. 15 n. Chr.
Römischer Architekt und Ingenieur, dessen Werk *De Architectura* die ältesten Beschreibungen von hydraulisch abbindendem Zement enthält – entwickelt von Griechen und Römern für den Hafenbau.

JOHN SMEATON
1724–1792
Englischer Bauingenieur, der moderne Zemente entwickelte, indem er mit starken, schnell trocknenden Mischungen experimentierte, die unter Wasser aushärten.

JOSEPH ASPDIN
1778–1855
Englischer Zementhersteller, der den Portland-Zement patentieren ließ. Er sah dem bei den Viktorianern begehrten Portlandstein ähnlich.

30-SEKUNDEN-TEXT
David Boyle

Zement gilt als modern, wurde aber schon in der Antike benutzt.

GLAS

30 Sekunden Innovation

3-SEKUNDEN-FOKUS
Das einfache, allein aus Sand hergestellte Material trotzt dem Wetter und dient der Herstellung von Trinkgefäßen, dekorativen Gegenständen, Linsen und vielem mehr.

3-MINUTEN-ÜBERBLICK
Römische Handwerker entwickelten klares Fensterglas – frühere Glasarten waren grün getönt – und stellten daraus Tassen und Flaschen in großer Zahl her. Wie viele andere technische Innovationen der alten Römer geriet auch das Geheimnis der Glasherstellung im Frühmittelalter in Vergessenheit und wurde erst später wiederentdeckt. Italienische und böhmische Händler entwickelten das Glas, das ab dem 14. Jahrhundert den Alltag der Menschen mitbestimmte.

Als der Vesuv im Jahr 79 n. Chr. ausbrach, begrub er die Städte Pompeji und Herculaneum in Süditalien unter Vulkanasche. Nach ihrer Wiederentdeckung fanden Archäologen heraus, dass die Häuser wohlhabender Familien in beiden Städten über Glasfenster verfügten, die vor Wetter schützten, aber Licht hereinließen. Leider hielten sie die glutheiße Asche nicht auf. Die Römer hatten zwar das Glas nicht erfunden, aber seine Herstellung weit vorangetrieben. Schon in der Bronzezeit stellten Hochkulturen im Nahen Osten, in China und Indien, insbesondere aber im alten Ägypten Glas her. Die Pharaonen beaufsichtigten die Entwicklung von Glas bis in die Römerzeit, und aus dem antiken Alexandria kam das beste Glas der Welt. Als Kaiser Hadrian dort im 2. Jahrhundert n. Chr. zu Besuch war, zeigte er sich von dem Material so beeindruckt, dass er eine durchsichtige Glasvase an seinen Freund Servianus in Rom schickte. Und falls nicht die Ägypter das Glas erfanden, so waren es die Phönizier, die laut Plinius dem Älteren das folgende Phänomen entdeckten, als Händler am Karmelgebirge auf Sand kochten: Sie stellten ihre Töpfe auf ihre Ladung – *Natron* (einen natürlichen Konservierungsstoff) – und stellten fest, dass sich darunter Glas gebildet hatte.

VERWANDTE THEMEN
ZEMENT
Seite 16

DIE LINSE
Seite 82

3-SEKUNDEN-BIOGRAFIEN

GEORGE RAVENSCROFT
1632–1683
Englischer Glasproduzent und Exporteur, der entdeckte, dass die Beigabe von Blei das Glas klarer und leichter formbar macht.

ROBERT LUCAS CHANCE
1782–1865
Englischer Glasproduzent, der mit Unterstützung des französischen Glastechnikers Georges Bontemps die Technik zur Herstellung von Flachglas perfektionierte.

JOSEPH PAXTON
1803–1865
Englischer Gärtner, dessen Entwurf des Londoner Crystal Palace 1851 für den heutigen Einsatz von Glas beim Gebäudebau wegweisend war.

30-SEKUNDEN-TEXT
David Boyle

Glas bringt Licht in den Alltag und ermöglicht Wissenschaftlern tiefe Einblicke.

PAPIER

30 Sekunden Innovation

3-SEKUNDEN-FOKUS
Vor dem Papier schrieb man auf teuren Papyrus oder Pergament. Dank der Erfindung des viel preisgünstigeren Papiers ließen sich Ideen leichter festhalten.

3-MINUTEN-ÜBERBLICK
Um 751 hatte sich China unter der Tang-Dynastie bis an den Rand der Wüste Gobi ausgebreitet. In jenem Jahr kam seine Expansion in der Schlacht am Talas zum Stillstand, und die muslimische Welt riss die Kontrolle über die Seidenstraße an sich. Durch gefangene chinesische Papiermacher gelangte darauf die Technik der Papierherstellung in den Mittelmeerraum. Bis sie Westeuropa erreichte, dauerte es allerdings noch 500 Jahre.

Cai Lun, ein ranghoher Eunuche am Hofe des chinesischen Kaisers He von Han und seiner Nachfolger, wird mit der Erfindung des Papiers um 105 n. Chr. in Verbindung gebracht. Angeblich wurde er von Feldwespen, die ihre Nester aus getrockneten Pflanzenfasern bauten, inspiriert. Cai Lun war in erbitterte interne Kämpfe und Intrigen involviert, in denen er die Interessen der Kaiserin Dou und ihrer Gefolgschaft stützte. Cai Lun soll als Beamter für die Fertigung von Waffen zum ersten Mal Papier hergestellt haben, und zwar aus Baumrinde, alten Lumpen und Fischernetzen. Als ihn der neue Kaiser aufforderte, sich ins Gefängnis zu begeben, weil er die falsche Seite unterstützt hatte, nahm er Gift. Im folgenden Jahrhundert wurde Cai Lun jedoch rehabilitiert, als sich die Papiermacherei in ganz China ausbreitete und die literarische Produktion sowie die politische und kulturelle Entwicklung förderte. Erst 500 Jahre später, im 7. Jahrhundert, wurden Papiermacher von Arabern gefangen genommen, und so gelangte die Technik der Papiermacherei in die muslimische Welt. Von dort erreichte sie über zurückkehrende Kreuzfahrer schließlich Westeuropa.

VERWANDTES THEMA
DIE DRUCKPRESSE
Seite 96

3-SEKUNDEN-BIOGRAFIEN
CAI LUN
48–121 n. Chr.
Hoher chinesischer Eunuchenbeamter, dem die Erfindung der modernen Papiermacherei zugeschrieben wird.

30-SEKUNDEN-TEXT
David Boyle

Die aus Pflanzenfasern gebauten Nester der Feldwespe sollen im China des 1. Jahrhunderts zur Erfindung des Papiers inspiriert haben.

31. Juli 1923
Geboren in New Kensington, nahe Pittsburgh, Pennsylvania

1933
Tod von Kwoleks Vater – sie hielt es für seinen Verdienst, sie an die Wunder der Natur herangeführt zu haben

1942
Studium der Chemie an der heutigen Carnegie Mellon University, da sie sich die Gebühren für ein Medizinstudium nicht leisten konnte

1946
Stellenantritt bei DuPont

April 1959
Veröffentlichung ihres preisgekrönten Artikels, in dem sie den »indischen Seiltrick« beschreibt; sie erklärt ein Schülerexperiment, bei dem Nylon in einem Becherglas hergestellt wird

1964
Experimente führen zur Entdeckung von Kevlar

1971
Markteinführung von Kevlar durch DuPont. Seitdem hat es dem Unternehmen Milliarden von Dollar eingebracht

1986
Ausscheiden bei DuPont, nachdem sie für einige Jahre das Polymerforschungsteam geleitet hatte

1995
Verleihung der Lavoisier-Medaille von DuPont für herausragende technische Leistungen

Juni 2014
Produktion der millionsten kugelsicheren Kevlar-Weste

18. Juni 2014
Tod im Alter von 90 Jahren

Es war ein überraschender Glücksfall, als die Industriechemikerin Stephanie Kwolek im Forschungslabor des Chemiegiganten DuPont in Wilmington (USA) über eine neue Art von Kunststofffaser stolperte. Fünfmal härter als Stahl, wurde sie als Kevlar vermarktet und fand überall auf der Welt Verwendung, beispielsweise wegen ihres geringen Gewichts in kugelsicheren Westen.

»Ich wusste, dass ich eine Entdeckung gemacht hatte«, sagte Kwolek später. »Ich habe nicht Hurra geschrien, aber ich war sehr aufgeregt, genau wie das ganze Labor, und das Management war begeistert, weil wir nach etwas Neuem suchten, etwas anderem, und das war es.«

Sie sollte nach einer leichten Faser suchen, die den Stahl in Radialreifen ersetzen könnte. Dazu musste eine Reihe kohlenstoffbasierter Moleküle in größere Einheiten – Polymere – umgewandelt werden. 1964 versuchte Kwolek eines davon zu verflüssigen; das Ergebnis blieb jedoch zunächst enttäuschend. Beharrlich überzeugte sie ihre Kollegen, das Risiko einzugehen und die gewonnene klebrige Substanz zu verspinnen. Das Ergebnis war eine extrem steife Faser. Es stellte sich nicht nur heraus, dass sie (bei gleichem Gewicht) nicht nur deutlich reißfester als Stahl, sondern auch feuerbeständig war.

Kevlar wurde als »Faser B« bei der Reifenproduktion zugesetzt. Außer in Schutzkleidung findet man die Faser heute in Flugzeugen, Mobiltelefonen, Segeln und vielem mehr.

Kwolek wollte eigentlich Ärztin werden, konnte sich als Tochter polnischer Einwanderer aus der Arbeiterklasse das Medizinstudium aber nicht leisten. So studierte sie an der heutigen Carnegie Mellon University Chemie und nahm einen befristeten Job in der chemischen Forschung an, um ihr Medizinstudium zu finanzieren. Ihr zukünftiger Mentor William Hale Charch – ein Chemiepionier, der gerade erst Nylon entwickelt hatte – zögerte nicht lange und bot ihr eine Anstellung an, womit er einem anderen Jobangebot zuvor kam.

Auch wenn Kevlar erst 1975 auf den Markt kam, brachte Kwoleks Erfindung DuPont Milliarden ein. Unmittelbaren Nutzen konnte sie daraus allerdings nicht ziehen: ihre Patente hatte sie dem Unternehmen überschrieben.

David Boyle

EISEN

30 Sekunden Innovation

3-SEKUNDEN-FOKUS
Eisen ist eines der geläufigsten Minerale auf der Welt. Techniken zu seiner Extraktion, Veredelung und zum Einsatz im großen Maßstab ermöglichten die industrielle Revolution im 18. Jahrhundert.

3-MINUTEN-ÜBERBLICK
Im 14. Jahrhundert war in England unter König Eduard III. Eisen so wertvoll, dass einige Gusseisenkochtöpfe in seinem Haushalt als Schätze galten. Mit innovativen Hochöfen ließen sich im Mittelalter neue Gusseisenformen produzieren; die königlichen Töpfe waren Musterbeispiele.

Etwa fünf Prozent der Erdkruste bestehen aus Eisenerz, also Fels und Mineralien, die Eisen in seinem Naturzustand enthalten. Als »Verhüttung« bezeichnet man die Extraktion reinen Eisens aus dem Erz. Die Eisenverhüttung wurde anscheinend in der Mitte der Bronzezeit von den Hethitern erfunden, einer Zivilisation auf dem Gebiet der heutigen Türkei, die ihren Höhepunkt im 14. Jahrhundert v. Chr. erreichte. Als das Reich der Hethiter um 1180 v. Chr. unterging, verbreiteten sich ihre Verhüttungsmethoden bis nach Südafrika und Indien, später auch nach Griechenland und China. Doch der Schlüssel zur modernen Eisen- und Stahlproduktion lag in der Entwicklung kostengünstiger Herstellungsmethoden während der industriellen Revolution. Einem Mann ist dies besonders zu verdanken: Abraham Darby, dem Sohn einer Quäkerfamilie, der 1709 den Gebläseofen erfand, der, mit Steinstatt Holzkohle befeuert, die für die Produktion größerer Mengen von Gusseisen erforderlichen Temperaturen erreichte. Als Abraham Darbys Enkel die Geschäftsführung übernahm, konnte bereits das erste große Bauwerk vollständig aus Eisen errichtet werden, nämlich die Brücke über den Fluss Severn in Shropshire, nach der der nahe gelegene Ort Ironbridge benannt ist.

VERWANDTES THEMA
STAHL
Seite 24

3-SEKUNDEN-BIOGRAFIEN

ABRAHAM DARBY
1678–1717
Englischer Spross einer Quäkerfamilie, Pionier der modernen Eisenverhüttung.

THOMAS FARNOLLS PRITCHARD
1723–1777
Englischer Architekt und Raumausstatter, der die erste gänzlich aus Eisen bestehende Brücke bei der heutigen Stadt Ironbridge in Shropshire entwarf.

JAMES BEAUMONT NEILSON
1792–1865
Schottischer Erfinder, der das Heißluftstromverfahren entwickelte, mit dem sich die Effizienz der Eisenverhüttung steigern ließ.

30-SEKUNDEN-TEXT
David Boyle

Die Eisenschmelze wurde in der Bronzezeit entwickelt, für eine Verhüttung im industriellen Maßstab bedurfte es allerdings der Dampfkraft.

Wrekin Hill
Coalbrook Dale
Brook
Wenlock
Church Stretton
Bridgnorth

STAHL

30 Sekunden Innovation

3-SEKUNDEN-FOKUS
Die Eisen-Kohlenstoff-Legierung Stahl ist vielleicht nicht das stärkste bekannte Material, aber das härteste und robusteste, das sich wirtschaftlich produzieren lässt.

3-MINUTEN-ÜBERBLICK
326 v. Chr. übergab Poros, der König der heutigen Region Punjab in Indien, Alexander dem Großen ein Stahlschwert. Die Tamilen auf Sri Lanka und in Südindien scheinen in puncto Stahlerzeugung in der Antike federführend gewesen zu sein – auch wenn der älteste, auf ca. 1800 v. Chr. datierte archäologische Nachweis einer Stahlproduktion aus Anatolien stammt.

Ursache für den Eisenbahnunfall auf der schottischen Firth-of-Tay-Brücke, bei dem ein voll besetzter Passagierzug 1879 während eines Sturms ins Wasser stürzte, war deren schmiedeeiserne Konstruktion; er sollte der letzte in einer Reihe derartiger Unfälle sein. Die Ingenieure wussten, dass Schmiedeeisen keineswegs das ideale Material für Brücken und große Bauwerke ist. Sie benötigten etwas Härteres und Stärkeres, doch Stahl, eine seit mindestens 1800 v. Chr. bekannte Eisenlegierung, die lange Zeit vor allem von den Tamilen in Indien hergestellt wurde, kam infolge der teuren Produktionskosten nicht infrage. Abhilfe schuf Henry Bessemer, dessen Vater bei der Pariser Münzprägeanstalt mit Eisenlegierungen gearbeitet hatte, bevor er während der Französischen Revolution nach England floh. Bessemer entwickelte ein Verfahren, bei dem flüssiges Roheisen von Verunreinigungen befreit wurde, und präsentierte es 1856 in Cheltenham. James Nasmyth, ein schottischer Ingenieur, der ebenfalls an einer Lösung gearbeitet hatte, stellte seine Bemühungen ein, als er von Bessemers Erfolg hörte. Die enge Verbindung der Stadt Sheffield zur Stahlherstellung entstand, als Bessemer dort eine Stahlgießerei in Betrieb nahm, um nach seiner neuen Methode Stahl zu produzieren.

VERWANDTES THEMA
EISEN
Seite 22

3-SEKUNDEN-BIOGRAFIEN
HENRY BESSEMER
1813–1898
Englischer Ingenieur, Urheber der Bemesserbirne und vieler anderer Erfindungen, so auch eines Schiffes, auf dem die Passagiere nicht seekrank wurden.

ANDREW CARNEGIE
1835–1919
Schottischer Amerikaner, der ein Vermögen mit der Stahlproduktion verdiente und einst der reichste Mann der Welt war.

30-SEKUNDEN-TEXT
David Boyle

Hohe Festigkeit und geringe Produktionskosten ermöglichen die großzügige Nutzung von Stahl bei großen Bauprojekten – von Wolkenkratzern bis zu Hängebrücken, von Schienen bis zu Nieten.

ERDÖL

30 Sekunden Innovation

3-SEKUNDEN-FOKUS
Erdölprodukte dominieren heute die Weltwirtschaft – nicht immer zum Vorteil der ölfördernden Länder. Ökonomen bezeichnen die Nebenwirkungen dieser Quelle des Reichtums als »Fluch des Öls«.

3-MINUTEN-ÜBERBLICK
Die Erkenntnis, dass Öl zu Kraftstoff und anderen begehrten Gütern raffiniert werden konnte, trieb die Wirtschaft des 20. Jahrhunderts zu neuen Höhenflügen, trug aber auch zur Erderwärmung bei, die das Klima veränderte und den Treibhauseffekt verstärkte. Den Begriff »Treibhauseffekt« prägte 1917 der schottische Erfinder Alexander Graham Bell.

1847 entdeckte der schottische Chemiker James Young, dass Rohschmieröl aus dem Gewölbe einer Zeche in Derbyshire sickerte. Er experimentierte mit dem Öl, und es gelang ihm, ein leichteres Brennöl für Lampen und ein schwereres für Schmierölanlagen herzustellen. Nach vier Jahren floss immer weniger Öl, doch Young entdeckte, dass es durch das Sandsteingewölbe der Mine gesickert war, und kam auf die Idee, dass man es künstlich erzeugen könnte. Er setzte sie um, indem er sein sogenanntes »Paraffinöl« oder Paraffin herstellte. Seine Erfindung brachte ihm Reichtum und führte schließlich zum Abbau von Ölschiefer in Schottland zu Produktionszwecken. Vor seinem großen Durchbruch hatte Young eine Abendschule in Glasgow besucht und war zu einem engen Freund des Missionars David Livingstone geworden. Nach seiner Entdeckung gab Young sein Geld für Segeltouren, wissenschaftliche Experimente und die Förderung von Livingstones Erkundung Afrikas aus. Das schwarze Gold, das aus dem Boden sprudelt, wird im Deutschen als Erdöl oder Rohöl bezeichnet. Die erste Raffinerie wurde 1861 in der heutigen aserbaidschanischen Hauptstadt Baku, damals Russisches Reich, eröffnet.

VERWANDTES THEMA
DER VERBRENNUNGSMOTOR
Seite 48

3-SEKUNDEN-BIOGRAFIEN

JAMES YOUNG
1811–1883
Schottischer Chemiker, Erfinder und Philanthrop, der als erster Paraffin herstellte und dem der Durchbruch für die Raffinierung von Erdöl zugeschrieben wird.

JAMES MILLER WILLIAMS
1818–1890
Kanadischer Geschäftsmann, Eisenbahnbauer und Politiker, der die Erdölindustrie in Kanada begründete und als Erster ähnliche Geschäfte in ganz Nordamerika unternahm.

JAN JÓZEF IGNACY ŁUKASIEWICZ
1822–1882
Polnischer Apotheker, der die erste funktionierende Ölraffinerie errichtete und die Kerosinlampe erfand.

30-SEKUNDEN-TEXT
David Boyle

Die Ölförderung verändert nicht nur Landschaften, sondern prägt auch die Konjunktur.

KUNSTSTOFF

30 Sekunden Innovation

Der englische Metallurg Alexander Parkes galt vor der Herstellung des ersten thermoplastischen, nicht natürlich vorkommenden Kunststoffs namens *Parkesine* als Experte für Galvanotechnik. Das Verfahren, bei dem er Zellulose mit Salpetersäure und einem Lösungsmittel versetzte, um Nitrozellulose (heute als synthetisches Elfenbein bekannt) herzustellen, ließ er 1862 patentieren. Er stellte sein Material in einer Fabrik in Hackney im Osten Londons her, doch Parkesine wurde zum Flop, denn es brach schnell, war leicht entflammbar und zu teuer. Gegen Ende des 19. Jahrhunderts nahmen seine erfolgreicheren Rivalen Xylonit und Zelluloid seinen Platz ein. Alle drei wurden jedoch vom 1907 patentierten Bakelit in den Schatten gestellt. Die Erfindung des belgisch-amerikanischen Chemikers Leo Baekeland kam als erster vollsynthetischer Kunststoff gerade rechtzeitig auf den Markt, um im Ersten Weltkrieg eingesetzt zu werden. Bakelit oder Polyoxybenzylmethylenglycolanhydrid, so der vollständige Name der chemischen Verbindung, zeichnet sich durch isolierende Eigenschaften aus – es leitet weder Wärme noch Elektrizität. Damit war es geradezu prädestiniert für die Herstellung von Telefonen und anderen elektrischen Geräten.

3-SEKUNDEN-FOKUS
Vor der Erfindung des Kunststoffs wurden fast alle Haushaltsgegenstände aus natürlichen Werkstoffen wie Knochen oder Holz hergestellt. Kunststoff ist viel widerstandsfähiger und kann günstig in Massen produziert werden.

3-MINUTEN-ÜBERBLICK
Der Erfinder des Bakelits, Leo Baekeland, verteidigte seine Patente in den USA auf dem Rechtsweg. Nach seinem Sieg vor Gericht fusionierten drei Unternehmen, darunter sein eigenes, 1922 zur Bakelite Corporation. Ihr Warenzeichen enthielt das mathematische Symbol für Unendlichkeit, und das Produkt wurde mit dem Slogan »Das Material mit tausend Verwendungsmöglichkeiten« offensiv vermarktet.

VERWANDTES THEMA
DIE KREDITKARTE
Seite 130

3-SEKUNDEN-BIOGRAFIEN
ALEXANDER PARKES
1813–1890
Englischer Metallurg, der das Parkesine erfand.

LEO BAEKELAND
1863–1944
Belgisch-amerikanischer Chemiker. Nachdem er seine Fotopapierpatente an Eastman Kodak verkauft und versprochen hatte, 20 Jahre lang nicht an Fotografieprodukten zu arbeiten, widmete er sich Experimenten, die zur Entwicklung von Bakelit führten.

30-SEKUNDEN-TEXT
David Boyle

Bakelit war einer der ersten Kunststoffe im Haushalt.

50 40 30
70 80 90 100 120
65 130
55 160
200 500
225 450
400
POLICE AMATEUR
1.4 1.6 1.8 2.0

ANLAGEN- & MASCHINENBAU

ANLAGEN- & MASCHINENBAU
GLOSSAR

Astrolabium Astronomisches Instrument zum Messen der Position von Sternen und Planeten am Himmel; Navigationshilfe.

Bilge Unterster Raum auf einem Schiff.

Dampf Gasförmiges Wasser. Dient dem Antrieb von Maschinen.

Drillmaschine Landwirtschaftliches Gerät, das Samen in passender Tiefe in den Boden einbringt und mit Erde bedeckt, damit er nicht von Vögeln gefressen wird.

Eisenwarenhändler Lieferant von Werkzeugen, Nägeln und anderen metallischen Gebrauchsgegenständen.

Gasturbine Verbrennungskraftmaschine, die Brennstoff in Energie umwandelt.

Hängende Gärten von Babylon Eines der sieben Weltwunder des Altertums. Die angeblich bis zu 30 Meter hohen Terrassen wurden unter Nebukadnezar II. um 600 v. Chr erbaut.

London Blitz Andauerndes Bombardement Londons durch die deutsche Luftwaffe von September 1940 bis Mai 1941. Die Zerstörungen waren zwar erheblich, erreichten aber nicht annähernd das Maß der späteren Bombardierungen deutscher und japanischer Städte durch die britische und amerikanische Luftwaffe.

Mesopotamien Das sog. Zweistromland zwischen den Flüssen Euphrat und Tigris angrenzende Gebiete im heutigen Irak, Syrien und der Türkei. Eine der Wiegen der Zivilisation in der Bronzezeit.

Propeller Maschine, bei der durch Rotation von Flügeln Vorwärts- oder Rückwärtsschub erzeugt wird.

Radiokarbonmethode In den 1940er-Jahren entwickelte Testmethode, bei der mithilfe der in einem Gegenstand enthaltenen Restmenge des radioaktiven Kohlenstoffisotops C14 dessen Alter bestimmt wird – deshalb auch C14-Datierung genannt. Möglich machen diese Berechnung der Zerfall radioaktiver Isotope und die bekannte Halbwertszeit von C14.

Schottische Aufklärung Epoche der schottischen Geschichte, die auf den Aufstand von 1745 folgte, durch den der Thron für das Haus Stuart zurückerobert werden sollte. Aufbruchstimmung und Kreativität prägten die Zeit und führten zu einer Reihe wichtiger Erfindungen. Die schottische Aufklärung schlug sich bis weit ins 20. Jahrhundert in technologischem Fortschritt nieder. Ein Höhepunkt im vorigen Jahrhundert war die Erfindung des Fernsehers durch den Schotten John Logie Baird (Seite 106).

Syrakus In der Antike mächtiger griechischer Stadtstaat auf Sizilien.

Tang-Dynastie Epoche in China zwischen 618 und 907 n. Chr., die als Höhepunkt der chinesischen Zivilisation angesehen wird.

Ur Große Stadt der Sumerer in Mesopotamien, die an der Mündung des Euphrat lag (die Küstenlinie hat sich seitdem verschoben) und um 3600 v. Chr. zur führenden Macht aufstieg.

Vakuum Das Nichtvorhandensein von Luft oder anderen Gasen.

DAS RAD

30 Sekunden Innovation

Wer hat das Rad erfunden? Das ist eine wichtige Frage, denn das Rad zählt zu den bedeutendsten Erfindungen der Menschheitsgeschichte. Leider ging die Antwort im Lauf der Jahrhunderte verloren, und man könnte genauso gut fragen, welcher Mensch als Erster auf zwei Beinen lief. Auch wenn die Meinungen der Experten auseinandergehen, nimmt man mehrheitlich an, dass um 3500 v. Chr. in Mesopotamien Töpferscheiben zu den ersten Rädern umfunktioniert wurden. Das früheste von Archäologen ausgegrabene Exemplar stammt aus der alten Stadt Ur im heutigen Irak und wurde mithilfe der Radiokarbonmethode auf ca. 3129 v. Chr. datiert. Zur allgemeinen Verwirrung tauchten Räder zur selben Zeit jedoch auch an vielen anderen Orten auf der Welt auf – von China und Indien bis Europa; die alten Griechen erfanden auch den Schubkarren. Die erste, auf 3330 v. Chr. datierte Darstellung eines Wagens mit Rädern wurde in Polen entdeckt. Der Grund, weshalb Töpferscheiben sich als Bestandteil von Transport- und Fortbewegungsmitteln etablierten, war die Domestizierung von Pferden. Irgendein heller Kopf hat den Töpfern wohl beim Herstellen von Trinkgefäßen zugesehen und eine Verbindung zu den Pferden vor der Tür gezogen. Der Rest ist Geschichte, und wir werden niemals erfahren, wer dafür verantwortlich war.

3-SEKUNDEN-FOKUS
Das Rad tauchte an mehreren Orten der Welt gleichzeitig auf und ermöglichte den Menschen, schwere Dinge über weite Strecken zu bewegen.

3-MINUTEN-ÜBERBLICK
Zwar dürfen mehrere Kulturen die Erfindung des Rades für sich reklamieren, aber es gibt auch einige, die es mit Sicherheit nicht können: Die altamerikanischen Zivilisationen kannten das Rad zwar, benutzten es jedoch nur als Kinderspielzeug. Das rührte daher, dass es zu ihrer Zeit auf dem amerikanischen Kontinent, anders als in Asien und Europa, keine Pferde gab und der Büffel sich nicht so einfach domestizieren und vor den Karren spannen ließ.

VERWANDTE THEMEN
DIE DAMPFMASCHINE
Seite 46

DER VERBRENNUNGSMOTOR
Seite 48

3-SEKUNDEN-BIOGRAFIE
LEONARD WOOLLEY
1880–1960
Englischer Archäologe, der die Ausgrabungen bei Ur in Mesopotamien leitete, wo die älteste erhaltene Töpferscheibe gefunden wurde.

30-SEKUNDEN-TEXT
David Boyle

Die Erfindung des Rades war ein Meilenstein in der Menschheitsgeschichte.

DER NAGEL

30 Sekunden Innovation

Bis ins 19. Jahrhundert galten Nägel als Luxusartikel. In den Vereinigten Staaten stellte man sie, da kein Zugang zu den in Massen produzierten Nägeln aus England bestand, kurz nach der Unabhängigkeit meist an langen Winterabenden am Feuer her. Auch der dritte US-Präsident Thomas Jefferson fertigte, wenn er nichts Besseres zu tun hatte, Nägel. Bei einem Umzug zog man oft zuerst die Nägel heraus, weil sie für den Zusammenhalt der Balken in der neuen Behausung so wichtig waren. Die Wende brachte die Erfindung von »Schnittnägeln« in Vierkantform, die maschinell aus Schmiedeeisen hergestellt wurden. Diese Produktionsmethode führte der Goldschmied Jacob Perkins aus Massachusetts ein, der als erfinderischer Tüftler auch in der Kältetechnik Wegweisendes leistete und einen Vorläufer des Maschinengewehrs entwickelte. Perkins hatte einen Rivalen in England namens Joseph Dyer, Sohn eines Kapitäns in der Rhode Island Navy, der in Birmingham eine eigene Maschine zur Nagelherstellung vorstellte und später beim Zusammenbruch der Bank of Manchester ein Vermögen verlor. Beide Innovationen wurden von den sogenannten »Drahtstiften« abgelöst, den kostengünstigen Nägeln, die wir heute kennen.

3-SEKUNDEN-FOKUS
Mit Nägeln lassen sich zwei hölzerne Elemente so verbinden, dass sie ein Leben lang oder gar länger nicht mehr verrücken.

3-MINUTEN-ÜBERBLICK
Wer hat den Nagel erfunden? So genau weiß das niemand, aber wie so viele der bahnbrechenden Erfindungen in diesem Buch kamen sie offenbar in der Bronzezeit auf – im Nahen Osten. Die ältesten je gefundenen Bronzenägel wurden mit der Radiokarbonmethode auf 3400 v. Chr. datiert und stammen aus Ägypten. Vermutlich bezahlte man auch einen stattlichen Preis dafür.

VERWANDTE THEMEN
EISEN
Seite 22

STAHL
Seite 24

3-SEKUNDEN-BIOGRAFIEN

JACOB PERKINS
1766–1849
Amerikanischer Goldschmied, Erfinder der Herstellungsmethode für Schnittnägel.

JOSEPH DYER
1780–1871
Amerikanischer Erfinder und Hersteller von Schnittnägeln.

JOSEPH HENRY NETTLEFOLD
1827–1881
Britischer Journalist, verantwortlich für die Markteinführung von Drahtstiften in größeren Mengen, Manager des Unternehmens GKN.

30-SEKUNDEN-TEXT
David Boyle

Über Jahrtausende wurden Nägel aus Holz, Bronze, Messing, Eisen oder Kupfer hergestellt; Stahl ist heute das übliche Material.

DIE ARCHIMEDISCHE SCHRAUBE

30 Sekunden Innovation

Die Archimedische Schraube, eine der ältesten Maschinen, die bis heute in Gebrauch sind, dient der Beförderung von Wasser zur Be- und Entwässerung nach oben. Die treffender als Schneckenpumpe zu bezeichnende Erfindung besteht aus einem schraubenförmigen Zylinderschaft aus Metall oder Holz (der Schnecke) in einem Hohlrohr. Die Schneckenpumpe wurde manuell oder von Windmühlen in Drehung betrieben und kam in den Niederlanden großflächig zum Einsatz, um Land trockenzulegen und zu gewinnen. Bei Drehung des Schaftes schraubt die Pumpe das Wasser empor und lässt es am oberen Ende des Rohrs austreten. Der antike griechische Ingenieur und Universalgelehrte Archimedes soll seine Schraube erfunden haben, um ein von ihm entworfenes Schiff zu retten. Die imposante *Syrakosia* war sowohl Luxus- als auch Kriegsschiff und bot für einen Garten, ein *Gymnasion* und einen Aphrodite-Tempel Platz, doch ihr Laderaum füllte sich mit Meerwasser. Archimedes' einfache mechanische Pumpe schuf Abhilfe, auch wenn sein Schiff nur einmal die Segel setzte – von Syrakus nach Alexandria. Dagegen erwies sich Archimedes' Pumpenentwurf als langlebiger: Er kommt noch heute in Kläranlagen und Schokoladenbrunnen zur Anwendung und stabilisiert den Schiefen Turm von Pisa.

3-SEKUNDEN-FOKUS
Archimedes entwarf in der Antike eine einfache Pumpe, mit der bis heute insbesondere Abwasser befördert wird.

3-MINUTEN-ÜBERBLICK
Hat sich Archimedes seine Schraube (Pumpe) selbst ausgedacht oder hat er sie nur in Alexandria gesehen und nach Hause gebracht? Schon die Hängenden Gärten von Babylon sollen nach einigen Quellen mit Schneckenpumpen bewässert worden sein, und die Altorientalistin Stephanie Dalley setzte ihre erste Verwendung aufgrund einer assyrischen Inschrift um 350 Jahre früher an.

VERWANDTES THEMA
DAS RAD
Seite 34

3-SEKUNDEN-BIOGRAFIE
ARCHIMEDES
287–212 v. Chr.
Berühmter Ingenieur und Mathematiker der Antike, geboren in Syrakus auf Sizilien und dort von einem römischen Soldaten ermordet.

30-SEKUNDEN-TEXT
David Boyle

Archimedes wurde getötet, weil er lieber gezeichnete Kreise studierte, als den Befehlen römischer Soldaten zu folgen. Sein einfacher Pumpenentwurf lebt bis heute fort.

1. Juni 1907
Geburt in Coventry in den englischen Midlands

27. August 1928
Eintritt in die 111. Staffel, erlangt mit seinen Kunstflügen Berühmtheit

27. Januar 1936
Aufbau von Power Jets Ltd zur Entwicklung des ersten Düsenjets

27. August 1939
Jungfernflug der Heinkel He 178, des ersten düsengetriebenen Flugzeugs, in Rostock

10. Dezember 1940
Beantragung eines US-Patents. Die Belastung wird für Whittle zu groß, er erleidet einen Zusammenbruch und erscheint einen Monat lang nicht zur Arbeit

15. Mai 1941
Jungfernflug des ersten britischen Düsenjets beim Royal Air Force College Cranwell in Lincolnshire. Der Jungfernflug der amerikanischen XP-59A Airacomet folgt im Oktober 1942

26. August 1948
Austritt aus der Royal Air Force aus gesundheitlichen Gründen, Übersiedlung in die USA

9. August 1996
Tod in Columbia, Maryland

1. Juni 2007
Enthüllung einer Whittle-Statue in seiner Geburtsstadt Coventry

FRANK WHITTLE

Briten sind für ihre Innovationen bekannt, auch wenn sie sich oft genug damit schwertun, ihr eher konservatives Denken zu überwinden. Deshalb wurden in der Geschichte britischer Erfindungen geniale Ideen oft mit großer Verzögerung umgesetzt. Ein Beispiel hierfür ist die Erfindung des Düsentriebwerks durch den Flugzeugingenieur Frank Whittle.

Whittle kam 1907 in Coventry als Sohn eines Mechanikers zur Welt. Er wollte unbedingt zur Royal Air Force, wurde aber wegen seiner Körpergröße von nur 1,50 Metern abgelehnt, obwohl er die Aufnahmeprüfungen mit Bravour bestanden hatte. Bei seinem dritten Versuch 1923 klappte es schließlich doch noch.

Seit seiner Zeit als Offiziersanwärter bei der Air Force war Whittle fasziniert von den Problemen der Geschwindigkeit und dem Ziel, bestehenden Triebwerke schneller zu machen, ohne Gewicht und Komplexität der damaligen Propellertriebwerke zu erhöhen. Die Flugzeuge müssten höher fliegen, um den Luftdruck zu reduzieren, waren aber mit den existierenden Triebwerken dazu nicht in der Lage. Er zog den Schluss, dass eine Gasturbine die notwendige Leistung für einen großen Durchbruch bei der Geschwindigkeit herbeiführen könnte.

Das Ergebnis war sein Entwurf einer Strahlturbine, ein Gebläse, das die Luft ansaugte, zusammenpresste, entzündete und sie dann mit großer Kraft nach außen drückte.

Nachdem das Luftfahrtministerium die Idee als »unzweckmäßig« bezeichnet hatte, patentierte er sie selbst. Da die Royal Air Force sie nicht wollte, war sie niemals ein Staatsgeheimnis. 1935 erhielt er finanzielle Unterstützung und gründete das Unternehmen Power Jets Ltd. Die behördlichen Genehmigungen sowie die benötigten finanziellen Mittel erhielt er nur schleppend, während man im nationalsozialistischen Deutschland eine ähnliche Idee verfolgte. Whittle wurde später tatsächlich mitgeteilt, dass es vielleicht nie zum Zweiten Weltkrieg gekommen wäre, wenn der deutsche Führer Adolf Hitler gewusst hätte, dass es in England einen Mann gibt, der Flugzeuge entwirft, die mit 800 Stundenkilometern fliegen.

Als Whittles erstes Turbinenflugzeug im Mai 1941 in der Luft war, gleich nach dem Ende des *London Blitz*, war er von dem deutschen Pionier Ernst Heinkel um 21 Monate geschlagen worden. Fünf Monate später begann die Bell Aircraft Corporation in Amerika mit der Entwicklung des Airacomet. Im Oktober 1942 erhob sich das erste US-amerikanische Strahlflugzeug in die Lüfte, während die britische Gloster Meteor erst 1943 abhob.

David Boyle

DER PFLUG

30 Sekunden Innovation

3-SEKUNDEN-FOKUS
Der Pflug zählt zu den frühesten Erfindungen der Menschheit und lockert das Erdreich auf, damit man die Samen aussäen kann.

3-MINUTEN-ÜBERBLICK
Die Menschen verwendeten erste pflugartige Werkzeuge, als sie sesshaft wurden und das Land zu bestellen begannen. Erst wurde der Boden mit Grab- oder Furchenstöcken von Hand aufgelockert, später mit von Tieren gezogenen Stöcken. Von den alten Ägyptern bis zu Harry Ferguson (1884–1960), dem Erfinder des Kleintraktors in den 1920er-Jahren, war die Geschichte des Pfluges von kleinen Fortschritten geprägt.

Der Mann, der wahrscheinlich am meisten dazu beigetragen hat, eine der wohl ältesten Erfindungen des Menschen zu revolutionieren, war ein junger Techniker aus dem südschottischen Berwickshire namens James Small. Mit 18 Jahren bekam er in Yorkshire, wo er arbeitete, ein Exemplar des dort 1730 von Joseph Foljambe entwickelten »Rotherham-Pflugs«, des ersten kommerziell erfolgreichen Eisenpflugs, zu sehen. Aber es dauerte noch etwa drei Jahrzehnte, bis Foljambes Erfindung den Sprung aus der Region Rotherham in Yorkshire schaffte, wo Small sie gesehen hatte. Small nahm die Idee mit nach Schottland, suchte in zahlreichen Versuchen nach der besten Form und dem geeignetsten Metall und entwickelte so den »schottischen Pflug«, der schon bald darauf auch in die USA exportiert wurde. Da er die Ansicht vertrat, seine Erfindung solle frei verfügbar sein, ließ er seinen Entwurf nicht patentieren – auch wenn er deswegen einige Zeit in einem Schuldnergefängnis verbrachte. Die Bemühungen von Foljambe und Small hatten zur Folge, dass nun ein Feld von einem einzigen Mann mit Pferd statt von mehreren Männern mit Ochsen umgepflügt werden konnte.

VERWANDTE THEMEN
EISEN
Seite 24

DIE DAMPFMASCHINE
Seite 48

3-SEKUNDEN-BIOGRAFIEN
JETHRO TULL
1674–1741
Englischer Bauer, der die Drillmaschine erfand, die die Samen in gleichmäßigem Abstand aussäte, und damit den Startschuss für den »neuen Ackerbau« gab – sehr zum Leidwesen seiner Arbeiter.

JOSEPH FOLJAMBE
um 1730
Englischer Erfinder des ersten Eisenpflugs, des sogenannten Rotherham-Pflugs.

JAMES SMALL
1740–1793
Schotte, der den Metallpflug verbesserte und sich weigerte, seine Entwicklung zu patentieren.

30-SEKUNDEN-TEXT
David Boyle

Die ersten Pflüge wurden von Hand eingesetzt, dann übernahmen Tiere, später Maschinen die Arbeit.

DIE MECHANISCHE UHR

30 Sekunden Innovation

Yi Xing, einer der brillantesten Erfinder der Geschichte, war Mathematiker, Ingenieur und buddhistischer Mönch zu Zeiten der chinesischen Tang-Dynastie. Als Experte für Astronomie und Zeitrechnung baute er auf einem riesigen Gebiet zwischen dem heutigen Vietnam und Sibirien 13 Sternwarten, um seine Berechnungen von Sonnenfinsternissen zu vervollkommnen. In Zusammenarbeit mit dem Militäringenieur und Regierungsbeamten Liang Lingzan entstand 725 seine größte Erfindung: eine mechanische Uhr in Form einer großen Metallkugel, bei der ständig Wasser auf ein Rad tropfte, das sich in 24 Stunden einmal um die eigene Achse drehte. Damit hatte er zwar eine Uhr erfunden, doch sie zeigte nicht die unmittelbare Zeit an – ebenso wenig wie das mit Quecksilber betriebene, von al-Murādī im heutigen Spanien erfundene Astrolabium aus dem 11. Jahrhundert. Die chinesische Uhr gelangte jedoch auf die iberische Halbinsel und löste in der Uhrmacherei ab etwa 1260 eine Revolution aus. Abteien und Kathedralen wetteiferten miteinander um den eindrucksvollsten und ausgeklügeltsten Uhrmechanismus, meist angetrieben von exakten Gewichten. Zifferblätter fehlten damals aber noch: Zur vollen Stunde schlugen die Glocken.

3-SEKUNDEN-FOKUS
Die mechanische Uhr revolutionierte die Zeitmessung und ermöglichte es Gesellschaften, viel präziser zu kommunizieren und zu kooperieren.

3-MINUTEN-ÜBERBLICK
Mechanische Uhren und Glockengeläut dienten in Europa nicht im Geringsten der Befreiung. Die Menschen mussten nun nach Zeitplänen leben: wann aufstehen, wann bei der Feldarbeit eine Pause einlegen und wann zu Bett gehen. Zeitmessung und Pünktlichkeit wurden zur religiösen Pflicht und markierten den Beginn einer langen Allianz zwischen Puritanern und Uhren.

VERWANDTES THEMA
DER KOMPASS
Seite 54

3-SEKUNDEN-BIOGRAFIEN

YI XING
683–727
Chinesischer Astronom, der die wohl erste mechanische Uhr gebaut hat, die mit Wasser betrieben wurde.

LIANG LINGZAN
um 720er
Chinesischer Beamter, der mit Yi Xing an der ersten mechanischen Uhr arbeitete.

ALĪ IBN KHALAF AL-MURĀDĪ
um 1050
Mathematiker aus dem arabischen Spanien, der unter Verwendung von Quecksilber die erste mechanische Uhr Europas herstellte.

30-SEKUNDEN-TEXT
David Boyle

Im Vergleich zu Sand- oder Sonnenuhren ermöglichten mechanische Verfahren präzisere Zeitangaben.

DIE DAMPFMASCHINE

30 Sekunden Innovation

3-SEKUNDEN-FOKUS
Die Kraft des Dampfes machte schon bald nach ihrer Nutzbarmachung Unglaubliches möglich. Sie trieb Lokomotiven, Schiffe, landwirtschaftliche und Fabrikmaschinen sowie vieles mehr an.

3-MINUTEN-ÜBERBLICK
Der Hauptunterschied zwischen Watts und Newcomens Dampfmaschine besteht darin, dass der Kolben im ersten Fall durch den Dampfdruck bewegt wird, im zweiten durch Unterdruck. Wenige Tage nach Watts Durchbruch stürzte sein Physikerfreund John Robison in Watts Labor und stellte fest, dass Watt das Problem gelöst hatte. Er sah aber auch, dass sein Freund die Experimentanordnung hastig mit dem Fuß unter den Tisch schob – wohl aus Angst, Robison könnte das Geheimnis ausplaudern.

James Watt war nicht der wirkliche Erfinder der Dampfmaschine. Wie viele Ingenieure der schottischen Aufklärung griff er eine bestehende Idee auf und verbesserte sie. Als ursprüngliche Erfinder dürfen zwei Engländer gelten: der Militäringenieur Thomas Savery, der eine »Maschine zum Heben von Wasser durch Feuer« erfand, und der Eisenwarenhändler Thomas Newcomen, dessen Maschine zum Leerpumpen überfluteter Bergwerke genutzt wurde. Watt kam im westschottischen Greenock zur Welt. Sein Großvater war Mathematikprofessor, sein Vater Hersteller nautischer Instrumente für die Heringsflotte. Obwohl nicht gerade arm, hatte es der junge Watt nicht immer leicht, denn man kannte ihn für seine Launenhaftigkeit. Später, als Universitätsmechaniker in Glasgow, reparierte und verbesserte er ein maßstabsgetreues Modell von Newcomens Maschine, das während Vorlesungen gezeigt wurde. Es erzeugte jedoch nicht genügend Dampf für eine effiziente Funktion. Der Kolben drehte sich nur zwei- oder dreimal, bis der meiste Dampf entwichen war. Im April 1765 gelang ihm ein wichtiger Durchbruch auf dem Weg, dieses Problem zu lösen: Er erkannte, dass der Dampf in ein Vakuum drängt und der Zylinder nicht wie bei Newcomens Maschine gekühlt werden muss.

VERWANDTES THEMA
DER VERBRENNUNGSMOTOR
Seite 48

3-SEKUNDEN-BIOGRAFIEN

DENIS PAPIN
1647–1713
Französischer Physiker, der einen Vorläufer der Dampfmaschine erfand – den Schnellkochtopf.

THOMAS SAVERY
1650–1715
Englischer Ingenieur, der die weltweit erste Dampfmaschine baute.

THOMAS NEWCOMEN
1663–1729
Englischer Eisenwarenhändler, der eine Dampfmaschine baute, die durch kondensierten Dampf ein Vakuum aufbaute.

JAMES WATT
1736–1819
Schottischer Erfinder, der die Dampfmaschine entscheidend verbesserte.

30-SEKUNDEN-TEXT
David Boyle

Die Erfinder der Dampfmaschine mussten Luftdruck und Vakuum verstehen.

Inch.
TANGYE
0
5
10
15
20
25
30

DER VERBRENNUNGS-MOTOR

30 Sekunden Innovation

Aus Frankreich stammten einige frühe Wegbereiter des Verbrennungsmotors, der den Weg zum Bau von Kraftfahrzeugen frei machte. Der Antrieb erfolgte durch kleine Kraftstoffexplosionen in einer Brennkammer im Fahrzeug. Diese Motorenart wurde beinahe gleichzeitig von zwei Franzosen entwickelt – der eine für Land-, der andere für Wasserfahrzeuge. Der Offizier, Erfinder und Politiker François Isaac de Rivaz, der zur Zeit seiner Erfindung im Ruhestand in der Schweiz lebte, entwickelte einen Motor, bei dem ein Gemisch aus Sauerstoff und Wasserstoff als Treibstoff diente. Ein elektrischer Funke brachte das Gemisch zur Explosion. 1807 ließ er den explosionsbetriebenen Verbrennungsmotor patentieren. Im folgenden Jahr baute er einen »Wagen ohne Pferd«, den der Motor antreiben sollte. Zur gleichen Zeit konstruierten Joseph Nicéphore Niépce und sein Bruder Claude eine ähnliche Maschine, die sie Pyréolophore nannten, wobei ein Gemisch aus Kohlenstaub, Moos und Harz als Treibstoff diente. Mit der 1807 patentierten Erfindung wurde im selben Jahr ein Boot auf der Saône angetrieben. Das erste moderne Automobil war ein Kind des in Paris lebenden Belgiers Étienne Lenoir. Danach richtet sich das Augenmerk der Automobilgeschichte verstärkt auf Deutschland.

3-SEKUNDEN-FOKUS

Der »Wagen ohne Pferd« wurde zum unverzichtbaren Begleiter des Menschen und erweiterte dessen Aktionsradius deutlich.

3-MINUTEN-ÜBERBLICK

Der Verbrennungsmotor erwies sich als zweischneidiges Schwert. Heute befahren mehr als eine Milliarde Autos die Straßen der Welt, was zu Staus und Luftverschmutzung führt. Dies wiederum verkürzt das Leben der meist nicht gerade wohlhabenden Anwohner stark befahrener Verkehrswege. Der Verbrennungsmotor sorgt also nicht für mehr Freiheit, sondern verdammt die Menschen nur zu oft zu anstrengenden Fahrten auf verstopften Straßen und zum Einatmen von Abgasen.

VERWANDTES THEMA

DER VERBRENNUNGSMOTOR
Seite 46

3-SEKUNDEN-BIOGRAFIEN

FRANÇOIS ISAAC DE RIVAZ
1752–1828
Offizier der französischen Armee, der im Ruhestand als Schweizer Staatsbürger den Explosionsmotor erfand.

JOSEPH NICÉPHORE NIÉPCE
1765–1833
Französischer Fotograf, der den ersten, 1807 patentierten Verbrennungsmotor für ein Boot entwickelte.

ÉTIENNE LENOIR
1822–1900
Belgischer Ingenieur, der den ersten kommerziellen Automobilmotor baute.

30-SEKUNDEN-TEXT

David Boyle

Das Ziel, umweltfreundlichere Fahrzeuge zu entwickeln, könnte das Ende des Verbrennungsmotors bedeuten.

B
Compressing Stroke
Firing Stroke
C

VERKEHR & STANDORT

VERKEHR & STANDORT
GLOSSAR

Abweichung Eine Ungenauigkeit durch lokale Magnetfelder, verursacht durch Eisen und elektrische Ströme; sie muss bei der Kursberechnung berücksichtigt werden.

Alternative Energie Nicht-fossile Energieträger wie Elektrizität, Solarkraft und Biokraftstoffe.

Autopilot Steuerung eines Autos oder Flugzeugs ohne menschliches Zutun.

Bloomers Weite, an den Knöcheln verengte Hosen, die im 19. Jahrhundert bei Frauen besonders zum Radfahren beliebt waren.

Dampf Wasser in Gasform, das komprimiert zum Antrieb von Maschinen genutzt wird.

Dopplereffekt Anstieg bzw. Absinken von Schall-, Licht- oder anderen Frequenz, deren Quelle und Beobachter sich aufeinander zu- bzw. voneinander wegbewegen; benannt nach dem österreichischen Physiker Christian Doppler, der ihn 1842 demonstrierte.

Emanzipation der Frau Gleiche gesetzlich verankerte Rechte für Frauen und Männer zu Fragen des Eigentums, des Wahlrechts und der Beschäftigung. Sie begründete die Frauenrechtsbewegung im 19. und die feministische Bewegung im 20. Jahrhundert.

Hochrad Eines der ersten Fahrräder mit großem Vorder- und einem kleinen Hinterrad. Das Vorderrad wies einen Durchmesser von bis zu 150 Zentimetern auf und sollte für Geschwindigkeit sorgen, wofür heute die Gangschaltung zuständig ist. Hochräder waren so gefährlich, dass sie in den 1890ern durch das Sicherheitsniederrad ersetzt wurden.

Hybridfahrzeuge Verwenden eine Kombination von Kraftstoff und Elektroenergie.

Italienische Renaissance Kulturelle Erneuerung von Kunst, Architektur, Literatur und Bildung, die im 14. Jahrhundert in Italien ihren Ursprung hatte und sich später in ganz Europa verbreitete.

Kalter Krieg Zeit der politischen und militärischen Spannungen nach dem Zweiten Weltkrieg zwischen dem Westen (NATO) und dem Ostblock (Warschauer Pakt) von 1947 bis zum Zusammenbruch der Sowjetunion 1991.

Kohlenstoffemissionen Freisetzung von Kohlendioxid (CO_2), einem der Treibhausgase, durch die Verbrennung fossiler Brennstoffe. Das benzingetriebene Fahrzeug ist der größte Einzelverursacher von CO_2.

Koreakrieg Konflikt (1950–1953) zwischen Südkorea (unterstützt von USA und UNO) und Nordkorea (unterstützt von China und der Sowjetunion); es wurde nie ein Friedensvertrag unterzeichnet, also befinden sich beide Länder offiziell noch im Krieg.

Magneteisenstein Magnetische Steine, die Eisen anziehen und daher als Kompass dienen können – so die Verwendung bei den Chinesen. In Zentralamerika wurden sie vor etwa 1000 Jahren anscheinend für astrologische Zwecke oder zur Ausrichtung von Tempeln an magnetischen oder magischen Kraftlinien benutzt.

Magnetische Pole Die beiden Pole der Erde, an denen die Magnetfelder der Erde nach unten (Norden) und oben (Süden) weisen.

Magnetischer Norden Der durch den Kompass bestimmte Nordpol, der sich mit den Magnetfeldern der Erdkruste bewegt. Er liegt in der Nähe des geografischen Nordens, ist mit diesem jedoch nicht identisch.

Massenproduktion Kosteneffiziente Produktion großer Mengen identischer Produkte, bei der oft Fließbandtechnologie zum Einsatz kommt.

Naturkautschuk Wird hauptsächlich in Indien und Lateinamerika aus der Rinde von Kautschukbäumen gewonnen.

Oktoberrevolution Revolution in Russland, die 1917 zum Sturz des Zaren und dem Entstehen der Sowjetunion führte.

Pferdestärke Eine Einheit, ursprünglich definiert als Leistung eines Pferdes. Heute wird sie gewöhnlich als nichtmetrische Einheit für die mechanische Leistung genutzt.

Starrflügler Ein Fluggerät, etwa ein Flugzeug, dessen Tragflächen in einer festen Position bleiben und sich nicht nach oben oder unten bewegen oder drehen. Der Auftrieb wird durch die Vorwärtsbewegung/Luftgeschwindigkeit des Flugzeugs und durch die Flügelform erzeugt.

Vakuum Das Fehlen von Luft oder anderen Gasen.

Vietnamkrieg Konflikt (1954–1975) zwischen dem nicht kommunistischen Südvietnam (später unterstützt durch die USA, Australien, die Philippinen, Südkorea, Thailand und Neuseeland) und dem kommunistischen Nordvietnam, die beide zuvor zur französischen Kolonie Indochina gehört hatten.

DER KOMPASS

30 Sekunden Innovation

3-SEKUNDEN-FOKUS
Der Kompass revolutionierte die Navigation, denn er gab zuverlässig die Richtung an und machte die Entdeckung neuer Ozeane und Länder möglich.

3-MINUTEN-ÜBERBLICK
Der Magnetkompass zeigt zum magnetischen Nordpol, der sich in etwa 1600 Kilometern Entfernung vom geografischen befindet. Im 15. Jahrhundert wurden Entdecker auf die Abweichung zwischen dem magnetischen und dem geografischen Norden aufmerksam und passten ihre Kompassberechnungen an. Seefahrer müssen auch weitere mögliche Abweichungen wie die Beeinflussung des Kompasses durch lokale, von größeren Eisenvorkommen oder elektrischen Strömen verursachte Magnetfelder beachten. Manchmal werden Ausgleichsmagneten unter dem Kompass platziert.

Früher verließ sich ein Navigator auf Sonne, Mond und Sterne sowie Orientierungspunkte auf der Erde. Probleme traten bei Bewölkung oder Nebel auf. Vor der Einführung des Kompasses in Europa im späten 13. Jahrhundert konnte man im Mittelmeerraum wegen des nur selten klaren Himmels zwischen Oktober und April nur eingeschränkt zur See fahren. Mit seinem magnetisierten Zeiger, der die Richtungen relativ zu den Magnetpolen der Erde anzeigte, ermöglichte der Kompass dagegen eine konstante Peilung. Dies machte das Reisen sicherer und den Weg frei für die Erkundung der Ozeane und die Entdeckung der Neuen Welt. Die ersten Kompasse in China dienten allerdings nicht der Navigation, sondern spirituellen Praktiken. Sie bestanden aus Magneteisenstein, einem natürlich magnetisierten Eisenerz. Magnetisierte, in einer Wasserschale schwimmende Nadeln ersetzten den Magneteisenstein im 8. Jahrhundert. Trockenkompasse zur Navigation auf Schiffen wurden entwickelt und um 1300 in Europa eingeführt. Die Erfindung des flüssigkeitsgefüllten Handkompasses erfolgte dagegen erst zu Beginn des 20. Jahrhunderts. Die Flüssigkeit sorgt dafür, dass die Nadel sich nicht hin und her bewegt, sondern schnell stehen bleibt. Heute verdrängen GPS-Empfänger (Global Positioning System) den Kompass.

VERWANDTES THEMA
GLOBAL POSITIONING SYSTEM (GPS)
Seite 66

3-SEKUNDEN-BIOGRAFIEN
ZHENG HE
1371–1435
Chinesischer Navigator, der als Erster historisch belegt einen Kompass als Navigationshilfe einsetzte. Er besegelte zwischen 1405 und 1433 siebenmal die Ozeane.

TUOMAS VOHLONEN
1877–1939
Finnischer Vermesser, der 1935 den ersten tragbaren, mit Flüssigkeit gefüllten Kompass für den Privatgebrauch erfand und patentierte.

30-SEKUNDEN-TEXT
Judith Hodge

Trotz der Erfindung von Navigationshilfen mit GPS ist der Kompass nach wie vor beliebt: Er ist billig, robust und braucht keinen Strom.

PEGASE
Markab
la Flèche
LE DAUPHIN
Altair
N
Scheat
TROPIQUE
PEGASE
Markab
LE DAU
LE PT CHEVAL
LE TAURE

DAS FAHRRAD

30 Sekunden Innovation

3-SEKUNDEN-FOKUS
Das Fahrrad trug entscheidend zur Mobilität der Menschen, besonders der Arbeiter und Frauen bei. Es entwickelte sich zu einem wichtigen Personentransportmittel.

3-MINUTEN-ÜBERBLICK
Die von der Erfindung des *Rover* ins Rollen gebrachte Fahrradwelle der 1890er-Jahre hatte Einfluss auf die Emanzipation der Frau. Zunehmende Sicherheit und fallende Preise verschafften Frauen Zugang zum Fahrrad als Garant persönlicher Freiheit. Das Rad wurde zum Symbol der »neuen Frau« des späten 19. Jahrhunderts, besonders in Großbritannien und den USA. Fahrräder waren unter Feministinnen und Suffragetten als »Maschinen der Freiheit« bekannt. Sie verliehen Frauen eine zuvor nicht gekannte Mobilität und befreiten sie von einengender Kleidung.

Frühe Formen des Fahrrads in der ersten Hälfte des 19. Jahrhunderts waren unbequeme Holzgefährte mit Stahlrädern ohne Gangschaltung. Später vergrößerte man das Vorderrad, was schnelleres Fahren ermöglichte, aber mit diesen Hochrädern fuhren vor allem abenteuerlustige junge Männer Rennen. 1885 entwickelte der englische Erfinder John Kemp Starley das Sicherheitsniederrad *Rover*. Mit seinem niedrigeren Schwerpunkt verringerte es die Gefahr eines rasanten Sturzflugs über die Lenkstange, machte das Bremsen wirksamer und das Radfahren beliebter. Starleys *Rover* war mit seinen nahezu gleich großen Rädern, einem rautenförmigen Rahmen, Pedalen unter dem Sattel, die das Hinterrad über eine Kette und Zahnräder antrieben, und gegabelten Lenkstangen auf dem Vorderrad der gut erkennbare Vorgänger des modernen Fahrrads. John Dunlops Neuerfindung des Luftreifens im Jahr 1888 sorgte für mehr Komfort auf gepflasterten Straßen. Anfänglich ein eher kostspieliges Hobby, machte die Massenfertigung das Radfahren für Arbeiter erschwinglich, und auch Frauen stiegen immer öfter aufs Rad, was ihr Leben nachhaltig veränderte. Die für damalige Verhältnisse anstößigen Bloomers ersetzten Reifröcke und Korsetts und verliehen der Frau mehr Bewegungsfreiheit.

VERWANDTE THEMEN

DAS RAD
Seite 34

DER LUFTREIFEN
Seite 58

3-SEKUNDEN-BIOGRAFIEN
JOHN DUNLOP
1840–1921
Schottischer Erfinder und Tierarzt, der in seinem Haus in Belfast 1887 den Luftreifen für Fahrräder neu erfand.

JOHN KEMP (J. K.) STARLEY
1854–1901
Englischer Erfinder des revolutionären Sicherheitsniederrades, auf dem die moderne Fahrradtechnologie noch heute basiert.

30-SEKUNDEN-TEXT
Judith Hodge

Mit dem modernen Fahrrad, das seine unpraktischen Vorgänger ersetzte, wurde das Radfahren immer beliebter.

DER LUFTREIFEN

30 Sekunden Innovation

3-SEKUNDEN-FOKUS
Die Erfindung des Luftreifens als Polster zwischen Straße und Fahrzeug spielte eine Schlüsselrolle bei der Verbreitung von Fahrrädern und Autos.

3-MINUTEN-ÜBERBLICK
Der Name eines anderen schottischstämmigen Erfinders, John Boyd Dunlop (1840–1921), steht in engem Zusammenhang mit der Erfindung und dem Unternehmen, das heute noch seinen Namen trägt. Er erfand die Luftreifen für das Dreirad seines Sohnes neu und entwickelte sie für den Radrennsport weiter. Als ein Radfahrer mit seinen Reifen Rennen für Rennen gewann, verkaufte Dunlop seine Rechte an Dunlop Rubber, ein vom Präsidenten des Irischen Rennsportverbandes Harvey Du Cros gegründetes Unternehmen.

Als eigentlicher Erfinder des Luftreifens gilt der Schotte Robert Thomson. Er war gerade einmal 23 Jahre alt, als er seine Erfindung 1846 patentieren ließ – einen Hohlraumgürtel aus Kautschuk, der mit Luft gefüllt wurde, damit die Räder ein »Luftkissen« zum Boden bildeten. Der Gürtel aus gummiertem Segeltuch wurde mit strapazierfähigem Leder umschlossen. Eine Vorführung von Thomsons Luftreifen an Pferdewagen fand im März 1847 im Londoner Regent's Park statt. Die Luftreifen verbesserten den Reisekomfort erheblich und minderten den Geräuschpegel stark. Doch Thomsons Erfindung war ihrer Zeit voraus, denn es gab noch keine Autos, und Fahrräder kamen gerade erst auf. Aufgrund der mangelnden Nachfrage und der hohen Herstellungskosten blieben die Luftreifen für weitere 30 Jahre – bis zu ihrer Neuerfindung durch John Boyd Dunlop – eine nutzlose Neuerung. Thomson entwickelte und patentierte viele andere Erfindungen, darunter mit dem Dampftraktor das erste mechanische Gefährt zur Güterbeförderung auf der Straße. Seine stabilen Reifen aus Kautschuk (ein weiteres Patent von Thomson) ermöglichten den Transport schwerer Dampfmaschinen auf der Straße, ohne den Belag zu beschädigen. Die um 1870 hergestellten »Thomson Steamers« wurden in die ganze Welt exportiert.

VERWANDTE THEMEN
DAS FAHRRAD
Seite 56

DAS AUTOMOBIL
Seite 62

3-SEKUNDEN-BIOGRAFIEN
ROBERT WILLIAM THOMSON
1822–1873
Schottischer Erfinder, der 1846 den Luftreifen patentieren ließ.

30-SEKUNDEN-TEXT
Judith Hodge

Robert Thomson gilt zwar nicht als Erfinder des Luftreifens, doch wird zu seinen Ehren Jahr für Jahr im schottischen Stonehaven eine Oldtimer-Rallye ausgetragen.

16. April 1867
Geburt Wilburs in Millville, Indiana

19. August 1871
Geburt Orvilles in Dayton, Ohio

1889–1892
Gründung mehrerer Zeitungen durch die Brüder

1892
Eröffnung eines Fahrradladens mit Werkstatt, Verkauf eigener Fahrradentwürfe

1900
Erste Tests mit einem Segelflugzeug bei Kitty Hawk

17. Dezember 1903
Erste kontrollierte, länger andauernde Flüge in der Wright Flyer I

1905
Entwicklung und Vorführung des ersten praktisch verwendbaren Flugzeugs

1906
Patent auf das Steuerungssystem des Flugzeugs

1908
Öffentliche Vorführungen in Europa und Nordamerika. Orville stürzt ab und wird schwer verletzt, sein Insasse kommt als erster Mensch bei einem Flugzeugabsturz ums Leben

1909
Erster Flugzeugkauf durch das US-Militär. Die Wrights beginnen mit der Flugzeugherstellung und Pilotenausbildung und werden zu wohlhabenden Geschäftsleuten

30. Mai 1912
Tod von Wilbur mit 45 Jahren in Dayton nach Typhuserkrankung

1915
Verkauf des Unternehmens durch Orville

30. Januar 1948
Tod von Orville mit 76 Jahren in Dayton

DIE BRÜDER WRIGHT

Ein Spielzeughubschrauber, den sie von ihrem Vater, einem Pfarrer, erhalten hatten, weckte Wilbur und Orville Wrights lebenslanges Interesse an Mechanik und Luftfahrt. Die Brüder gründeten u. a. einen Zeitungsverlag und eröffneten einen Fahrradladen in ihrer Heimatstadt Dayton im US-Bundesstaat Ohio. Nach der Erfindung des Sicherheitsniederrads verfielen auch sie der Fahrradbegeisterung und entwarfen sogar ihr eigenes Modell.

Die Wrights folgten Flugzeugpionieren wie Otto Lilienthal, der beim Absturz eines Segelflugzeugs ums Leben kam. Die beiden Brüder experimentierten mit der »Neigung von Tragflächen« (ein System, das sie später patentieren ließen und mit dem sich ein Starrflügler über Seile und Seilrollen steuern ließ), wobei sie sich am Vogelflug orientierten. Sie bauten und testeten ihre Flugmaschinen bei Kitty Hawk, North Carolina, das für seine starken Winde bekannt ist. Hier unternahmen sie am 17. Dezember 1903 den ersten kontrollierten Flug mit einem motorgetriebenen Flugzeug, das schwerer als Luft war. Wilbur flog die *Wright Flyer I in* 59 Sekunden 260 Meter weit – festgehalten auf einem berühmten Foto.

Diese Leistung machte sie über Nacht nicht reich und berühmt. Die Nachricht stieß stattdessen im In- und Ausland auf Skepsis: Die französische Presse belächelte sie als »Bluffer«. In den folgenden zwei Jahren entwickelten die Brüder den ersten brauchbaren Starrflügler, den sie 1905 vorführten. Die Wrights erfanden auch die Steuerung, die das Fliegen möglich machte, und ließen ihren Entwurf 1906 patentieren.

Da er in den USA keinen Markt für die neue Erfindung sah, reiste Wilbur nach Europa, wo er während öffentlicher Vorführungen in Frankreich die Zuschauer mit den Möglichkeiten des Flugzeugs und seinen Fähigkeiten als Pilot zum Staunen brachte: Mehrmals flog er eine Acht. Zurück in den USA, stürzte Orville bei einer ähnlichen Vorführung ab und verletzte sich schwer, sein Insasse Thomas Selfridge kam ums Leben. Wilbur war tief schockiert, hielt es aber für seine Pflicht, sein Möglichstes zu tun und neue Rekorde für Flughöhe und -dauer aufzustellen.

Die Wrights wurden als große Berühmtheiten von Mitgliedern der Königshäuser, Staatsoberhäuptern und reichen Geschäftsleuten gefeiert. Ihre Flugzeuge verkauften sich in Europa und den USA. Wilbur starb 1912, und Orville verkaufte das Unternehmen 1915. Der hinterbliebene Wright-Bruder unternahm seinen letzten Flug 1944, wobei er festhielt, dass das Flugzeug eine größere Spannweite hatte als die zurückgelegte Distanz ihres ersten Fluges im Jahr 1903.

Judith Hodge

DAS AUTOMOBIL

30 Sekunden Innovation

3-SEKUNDEN-FOKUS
Das sogenannte Automobilzeitalter hat Leben und Arbeit der Menschen revolutioniert und massive soziale und wirtschaftliche Veränderungen verursacht.

3-MINUTEN-ÜBERBLICK
Das erste vierrädrige Elektroauto präsentierte 1888 der deutsche Erfinder Andreas Flocken mit seinem Flocken Elektrowagen. Elektroautos waren am Ende des 19. Jahrhunderts beliebt, aber die Vorteile von Wagen mit Verbrennungsmotoren wie größere Reichweite, schnelleres Betanken und später auch ein deutlich geringerer Preis durch Massenproduktion ließen sie bald verschwinden. Zur Zeit stehen Hybridfahrzeuge und Elektroautos infolge des Wissens um den Treibhauseffekt und schwindende Treibstoffreserven erneut im Zentrum des Interesses.

Carl Benz wird die Erfindung des modernen, von einem Verbrennungsmotor angetriebenen Automobils zugeschrieben. Der Benz Patent-Motorwagen ging 1886 in Produktion, nachdem Benz' Frau Bertha in diesem pferdelosen Wagen eine erste Fahrt von Mannheim nach Pforzheim und zurück unternommen hatte. Kurz danach traten die deutschen Erfinder Gottlieb Daimler und Wilhelm Maybach auf den Plan: 1889 entwarfen sie das erste Automobil, das kein Pferdewagen mit Motor war. Das Hauptaugenmerk der britischen Erfinder lag damals auf der Schiene, da der Red Flag Act (1865–1896 musste bei selbstfahrenden Wagen auf öffentlichen Straßen jemand vorauseilen und eine rote Fahne schwenken) eine vernünftige Automobilentwicklung unterband. In den Vereinigten Staaten breitete sich das Auto zu Beginn des 20. Jahrhunderts schnell aus. Henry Fords Technik der Massenproduktion brachte das erste kostengünstige Auto für alle: das Model T von 1908. In den 1930er-Jahren war das Gros mechanischer Technologie, das heute in Autos Verwendung findet, vorhanden, auch wenn einiges davon später neu erfunden werden musste. Die Entwicklung des Autos geht zurzeit in Richtung Energieeffizienz, alternative Brennstoffe und selbstfahrendes Kraftfahrzeug.

VERWANDTE THEMEN

ERDÖL
Seite 26

DAS RAD
Seite 34

DER VERBRENNUNGSMOTOR
Seite 48

3-SEKUNDEN-BIOGRAFIEN

NICOLAS-JOSEPH CUGNOT
1725–1804
Französischer Erfinder des ersten selbstfahrenden Fahrzeugs, eines dampfgetriebenen Militärtraktors.

CARL FRIEDRICH BENZ
1844–1929
Deutscher Erfinder des ersten praxistauglichen Automobils.

30-SEKUNDEN-TEXT
Judith Hodge

Ford produzierte das erste Auto, mit dem der Mittelstand unabhängig reisen konnte: das Modell T, das liebevoll »Tin Lizzie« (dt. Blechliesel) genannt wurde.

612

DER HUBSCHRAUBER

30 Sekunden Innovation

3-SEKUNDEN-FOKUS
Die Erfindung des Hubschraubers veränderte das Fliegen. Durch seine einzigartige Konstruktion kann er senkrecht steigen und an Ort schweben.

3-MINUTEN-ÜBERBLICK
Der Hubschrauber hielt umgehend Einzug beim Militär. Sikorskys Modell R-4 war der erste im Zweiten Weltkrieg eingesetzte Hubschrauber. Man benutzte ihn als Senkrechtstarter zur Gefangenenrettung in für Flugzeuge unzugänglichen Gebieten. Von besonderer Bedeutung waren Militärhubschrauber im schwierigen Gelände im Korea- und Vietnamkrieg. Weitere technologische Verbesserungen haben ihn zu einem Eckpfeiler der modernen Kriegsführung gemacht.

Der allererste Hubschrauber entsprang der Fantasie des Renaissancekünstlers und Erfinders Leonardo da Vinci, dessen Zeichnungen einer »Luftschraube« vom Flug der Vögel und des Ahornsamens inspiriert wurden. Der moderne Hubschrauber musste aber auf Fortschritte in der Aerodynamik, der Materialforschung und auf leistungsstärkere Motoren warten, um abheben zu können. Igor Sikorskys erster Hubschrauber von 1909 bestand aus Holz und hatte einen 25-PS-Motor. 30 Jahre später erfand Sikorsky mit dem VS-300 das Modell für alle modernen Hubschrauber mit Rotor. Im Gegensatz zum Starrflügler kann der Hubschrauber dank seines Rotors senkrecht starten und landen und auch in der Luft schweben. Diese Eigenschaften machen ihn zum idealen Fluggerät, wenn nur wenig Platz zur Verfügung steht oder eine genaue Position gehalten werden muss. Der Hubschrauber findet somit in den unterschiedlichsten Situationen Verwendung: von Rettungseinsätzen oder Brandbekämpfung, über Foto- und Filmaufnahmen aus der Luft, bis hin zu Umweltschutz- und Hilfseinsätzen in abgelegenen Gegenden oder der Versorgung von Arbeitern auf Bohrinseln. Ursprünglich war er jedoch nur für Militär- und Geheimdiensteinsätze gedacht.

VERWANDTES THEMA
DIE BRÜDER WRIGHT
Seite 60

3-SEKUNDEN-BIOGRAFIEN

LEONARDO DA VINCI
1452–1519
Berühmter italienischer Universalgelehrter, Künstler und Erfinder.

IGOR SIKORSKY
1889–1972
Russisch-amerikanischer Erfinder von Flugzeugen, Flugbooten und des ersten einsetzbaren Hubschraubers.

30-SEKUNDEN-TEXT
Judith Hodge

Trotz Beiträgen anderer Ingenieure zu Konzept und Entwicklung des Hubschraubers steht der Name Sikorsky synonym für diese Erfindung.

GLOBAL POSITIONING SYSTEM (GPS)

30 Sekunden Innovation

3-SEKUNDEN-FOKUS
GPS ist die wichtigste Neuerung in der Navigation seit der Einführung der Funknavigation in den späten 1940er-Jahren.

3-MINUTEN-ÜBERBLICK
Wegen der möglichen Zugriffsverweigerung und Überwachung durch die US-Regierung sind auch Alternativsysteme in Benutzung oder werden entwickelt. Dazu gehört das russische Global Navigation Satellite System (GLONASS), das auf GPS-fähigen Geräten hinzugefügt werden kann, mehr Satelliten nutzbar macht und die Position auf zwei Meter genau bestimmt. In Planung befinden sich das Positionierungssystem der EU »Galileo«, Chinas Satelliten-Navigationssystem »BeiDou« und Indiens Navigationssystem NAVIC.

Das Global Positioning System (GPS) wurde ursprünglich auf dem Höhepunkt des Kalten Krieges in den 1960er-Jahren für Militär und Geheimdienst entwickelt, um mit Atomraketen bestückte U-Boote der USA verfolgen zu können. Wissenschaftler fanden heraus, dass sich Satelliten aufgrund des Dopplereffekts vom Boden aus durch Messung der Frequenz ihrer Funksignale orten lassen. Das GPS nutzt ein Netzwerk von Satelliten, die die Erde umkreisen und Signale mit einem Zeitcode und geografischen Daten zu einem GPS-Empfänger am Boden schicken. Diese Erfindung hat die Navigation entscheidend verändert, da GPS geografische Positionen bei jedem Wetter bis auf wenige Meter genau berechnet und unabhängig vom Telefon- und Internetempfang funktioniert. Erst 1983, als die Sowjetunion ein koreanisches Passagierflugzeug abschoss, das im gesperrten Luftraum vom Kurs abgekommen war, öffnete die US-Regierung GPS für die zivile Nutzung, damit Flugzeuge, Schiffe und der Straßenverkehr ihre Position genau bestimmen konnten. Die US-Regierung pflegt das System, macht es frei zugänglich, kann jedoch selektiv den Zugang verweigern, so etwa 1999 im Kashmirkonflikt für das indische Militär. Heute wird GPS auch für die Kartenerstellung, Erdbebenforschung, Klimastudien und Outdoor-Schatzsuche (Geocaching) verwendet.

VERWANDTES THEMA
DER KOMPASS
Seite 54

3-SEKUNDEN-BIOGRAFIE
ROGER LEE EASTON
1921–2014
Amerikanischer Wissenschaftler und Physiker, Haupterfinder des Global Positioning System, das er zusammen mit Ivan Getting und Bradford Parkinson entwickelte.

30-SEKUNDEN-TEXT
Judith Hodge

GPS-Empfänger wurden bis auf wenige integrierte Schaltkreise verkleinert; nun stecken sie in Autos, Flugzeugen, Booten und Laptops.

MEDIZIN & GESUNDHEIT

MEDIZIN & GESUNDHEIT
GLOSSAR

Adrenalin Hormon, das die Kreislauf- und Atemfrequenz erhöht und das Herz schneller schlagen lässt; es steuert die Reaktion auf Gefahr (»Kampf oder Flucht«).

Antibiotikaresistenz Wenn Mutationen von Bakterien nicht mehr auf Antibiotika reagieren.

Äther Hochentzündliche, farblose Flüssigkeit, die in der Industrie als Lösungsmittel benutzt wird; er diente früher zur Anästhesie.

Bakterien Einzellige Organismen; manche sind harmlos oder sogar nützlich, wie jene, die an der Fermentation oder Zersetzung beteiligt sind, andere produzieren krankheitserregende Giftstoffe.

Burenkrieg Konflikte zwischen Briten und Buren in Südafrika (1880–1881, 1899–1902).

Chloroform Farblose, flüchtige Flüssigkeit mit süßem Geschmack und Geruch, verwendet als Lösungsmittel und in Kältemitteln; einst als Anästhetikum eingesetzt.

Diabetes Eine krankhafte Störung, bei der das Hormon Insulin nicht mehr produziert oder nur unzureichend verwertet wird. Ergebnis sind erhöhte Blutzuckerwerte und oft auch gesundheitliche Komplikationen wie Herzerkrankungen oder Erblindung.

Distickstoffmonoxid Farb- und geruchloses Gas, das in der Chirurgie und Zahnmedizin als sanftes Anästhetikum verwendet wird. Es ist als »Lachgas« bekannt, weil seine Inhalation eine euphorisierende Wirkung hat.

Elektromagnetische Strahlung Energieform, die mit elektrischen und magnetischen Feldern zusammenhängt. Sie enthält sichtbares Licht, Radiowellen, Mikrowellen, Gammastrahlen und Röntgenstrahlen.

Hepatitis Entzündung der Leber, am häufigsten verursacht vom Hepatitisvirus. Es gibt verschiedene Typen, darunter Hepatitis A, die meist von kontaminierten Nahrungsmitteln oder Wasser verursacht wird, und Hepatitis B, übertragen durch infizierte Körperflüssigkeiten wie Blut.

HIV Humanes Immundefizienz-Virus. Unbehandelt kann HIV zur potenziell lebensbedrohlichen Erkrankung AIDS (Acquired Immunodeficiency Syndrome) führen.

Immunisierung gegen Diphtherie, Tetanus und Keuchhusten (DTP) Kombinationsimpfstoff zur Immunisierung von Kindern. Seine Nebenwirkungen führten zur Entwicklung sichererer azellulärer Impfstoffe (DTaP).

Impfstoff gegen Masern, Mumps und Röteln (MMR) Kombinationsimpfstoff zur Immunisierung von Kindern.

Kuhpocken Ansteckende Hautkrankheit von Vieh, meist am Euter, verursacht von einem Virus; ähnelt der leichten Pockenform, beim Menschen bei Infektion durch Kontakt; war Grundlage der ersten Pockenimpfstoffe.

Malaria Schwere Infektionskrankheit von Menschen (und Tieren), übertragen durch Stechmücken; verbreitet in tropischen Klimata und endemisch in vielen Entwicklungsländern. Gegenwärtig gibt es keinen Impfstoff.

Meningitis Krankheit, die sich in der Entzündung der Meningen (Gehirn- und Rückenmarkshaut) äußert. Die Ursache ist eine virale oder bakterielle Infektion.

Milzbrand (Anthrax) Ernste, oft tödliche bakterielle Erkrankung von Schafen, Vieh und anderen Säugetieren. Über kontaminierte Wolle, rohes Fleisch oder andere Tierprodukte ist sie auf den Menschen übertragbar, gewöhnlich sind Haut und Lungen betroffen.

Streptokokken Gruppe von Bakterien, die Krankheiten verursachen: Halsentzündung, Lungenentzündung, Scharlach und rheumatisches Fieber.

Thimerosal Quecksilberhaltiger Konservierungsstoff, um das Wachstum von Bakterien oder Pilzen zu verhindern; wird wegen Sicherheitsbedenken nicht länger in Impfstoffen für Säuglinge und Kleinkinder verwendet.

Tollwut Ansteckende und potenziell tödliche Viruserkrankung von Hunden und anderen Säugetieren, übertragbar auf den Menschen durch Speichel, gewöhnlich durch den Biss eines infizierten Tiers – sie verursacht Wahn und Krämpfe.

Tuberkulose (TB) Von Bakterien verursachte Krankheit, bei der sich vor allem in der Lunge Knoten bilden, die wachsen.

Windpocken Hochansteckende Krankheit, die insbesondere bei Kindern vorkommt und sich durch juckende, entzündete Bläschen auszeichnet, die schließlich vernarben. Verursacher ist ein Herpesvirus.

Zähne zusammenbeißen Ein Ausdruck aus einer Zeit, in der es keine wirksamen Anästhetika gab. Man musste die Zähne zusammenbeißen, um den Schmerz auszuhalten, auch im übertragenen Sinne.

IMPFUNG

30 Sekunden Innovation

Impfstoffe oder Vakzine werden oft als eine der größten Errungenschaften der Medizin bezeichnet. Die großflächige Impfung hat bei fünf tödlichen Krankheiten – Pocken, Diphtherie, Masern, Polio und Röteln – die Morbidität um schätzungsweise 99 Prozent reduziert. Die Pocken galten jahrhundertelang als schlimme Plage; eine rudimentäre Form der Impfung, die Variolation, wurde seit ca. 900 n. Chr. in China und Indien praktiziert: Gesunden Menschen wurde der pulverisierte Wundschorf von Pockenbläschen unter die Haut oder in die Nasenlöcher eingeführt. Der englische Arzt Edward Jenner beobachtete, dass Menschen, die unter den weniger virulenten Kuhpocken gelitten hatten, danach gegen Pocken immun zu sein schienen. 1796 machte er sein berühmtes Experiment mit dem achtjährigen James Phipps, dem er den Eiter eines Kuhpockenbläschens in den Arm injizierte. Weder James noch die anderen geimpften Kinder erkrankten an Pocken. Trotz Widerspruch von Medizinern und Kirche wurde die Erfindung in Europa und den USA weiträumig angenommen und zum Schutz vor anderen Krankheiten weiterentwickelt. Louis Pasteur entwickelte im 19. Jahrhundert Impfstoffe gegen Milzbrand und Tollwut, wobei er »abgetötete« Erreger anstelle von Lebendviren verwendete.

3-SEKUNDEN-FOKUS
Durch das Impfen wurden Krankheiten wie die Pocken ausgerottet, während sich der Kampf gegen andere »Seuchen« wie Malaria und HIV als schwierig erweist.

3-MINUTEN-ÜBERBLICK
Die Impfkampagne der WHO zur Ausrottung der Pocken wurde 1980 für wirksam erklärt, nachdem der letzte natürliche Fall von Pocken 1977 in Somalia gemeldet wurde. Viren wie Polio erwiesen sich als widerstandsfähiger gegen Impfungen, auch wenn die Krankheit heute selten ist. Kontroversen riefen die Sicherheit und Wirksamkeit der Immunisierung gegen Diphtherie, Tetanus und Keuchhusten (DTP) sowie der Impfstoff gegen Masern, Mumps und Röteln (MMR) hervor, ebenso die Verwendung des quecksilberhaltigen Schutzstoffes Thimerosal.

VERWANDTE THEMEN

ANTIBIOTIKA
Seite 76

DAS MIKROSKOP
Seite 78

LOUIS PASTEUR
Seite 80

3-SEKUNDEN-BIOGRAFIEN

EDWARD JENNER
1749–1823
Englischer Arzt, der den ersten modernen »Impfstoff« gegen Pocken erfand.

LOUIS PASTEUR
1822–1895
Französischer Mikrobiologe, berühmt für seine Entdeckung der Prinzipien der Impfung und Pasteurisierung.

MAURICE HILLEMAN
1919–2005
Amerikanischer Mikrobiologe und erfolgreichster Erfinder von Impfstoffen.

30-SEKUNDEN-TEXT
Judith Hodge

Impfstoffe sind seit den 1920er-Jahren allgemein verfügbar.

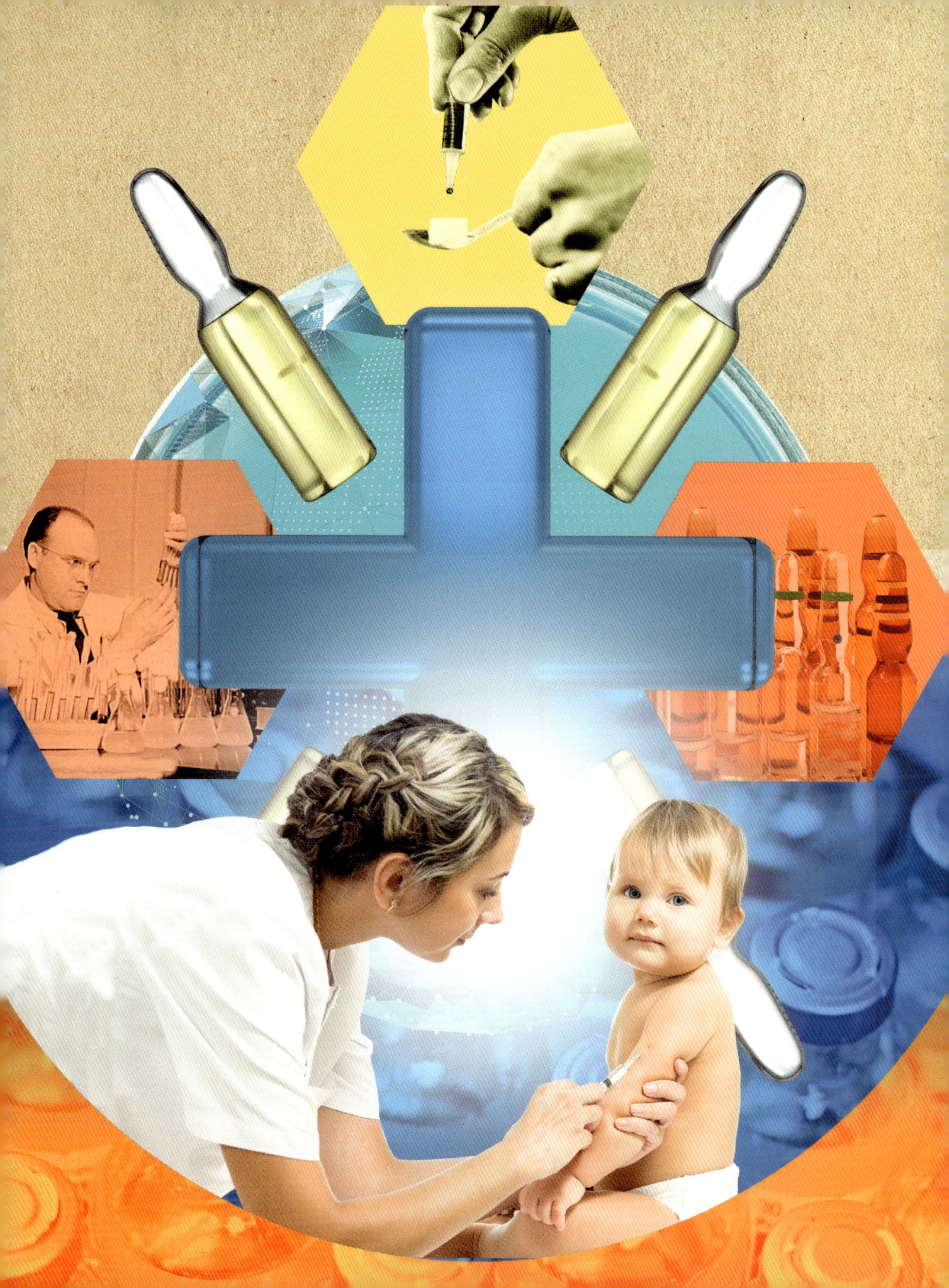

ANÄSTHESIE

30 Sekunden Innovation

Die Suche nach einer wirksamen Methode zur Betäubung von Schmerz insbesondere bei chirurgischen Eingriffen dauerte Jahrhunderte. Als erste Anästhetika dienten alkoholhaltige Mixturen und Pflanzen, die starke Chemikalien enthalten. Ein Durchbruch gelang 1846, als der amerikanische Zahnarzt William Morton am Massachusetts General Hospital einen Patienten vor Ärzten und Studenten die Dämpfe eines mit Äther getränkten Schwamms inhalieren ließ. Nach der Ruhigstellung des Patienten entfernte der Chirurg John Warren einen Tumor am Hals des Patienten. Als der Patient erwachte, sagte er: »Es fühlt sich so an, als ob jemand an meinem Hals gekratzt hat.« Bis dahin ging die Chirurgie schnell und erbarmungslos vor, und die Patienten bissen bei vollem Bewusstsein während der Operation die Zähne zusammen. Obwohl der Äther schon seit über 300 Jahren bekannt war, hatte niemand daran gedacht, ihn als Anästhetikum einzusetzen. Die Kunde von Mortons Erfolg verbreitete sich schnell. Die Narkose machte die Chirurgie erträglicher und gab den Ärzten mehr Zeit zum Operieren, was wiederum zum Fortschritt chirurgischer Techniken führte. Mit der Zeit wurde Äther durch zuverlässigere, sicherere Mittel ersetzt.

3-SEKUNDEN-FOKUS
Die Narkose betäubt vorübergehend den Schmerz, damit Chirurgen schnell operieren können, ohne dass ihre Patienten an einem Schock sterben.

3-MINUTEN-ÜBERBLICK
Der modernen Chemie gelang es, Betäubungsmittel in reiner Form zu entwickeln. Von diesen frühen Mitteln ist heute nur noch Stickstoffoxid (Lachgas) gängig. Äther (leicht brennbar, verursacht Erbrechen) und Chloroform (giftig) wurden durch ungefährliche Allgemeinanästhetika ersetzt. Bei heutigen Narkosemethoden werden ein oder mehrere Mittel, angepasst an Patient und Eingriff, verabreicht, obwohl auch dies Risiken wie Herzinfarkt oder Lungenembolie nicht ausschließt.

VERWANDTE THEMEN
IMPFUNG
Seite 72

ANTIBIOTIKA
Seite 76

3-SEKUNDEN-BIOGRAFIEN
WILLIAM MORTON
1819–1868
Amerikanischer Zahnarzt, der 1846 erstmals den Einsatz von Äther als chirurgisches Anästhetikum demonstrierte.

JOHN SNOW
1813–1858
Englischer Arzt, der die Narkose in der Geburtshilfe bekannt machte, als er 1853 Königin Victoria bei der Geburt von Prinz Leopold, ihrem achten Kind, chloroformierte.

30-SEKUNDEN-TEXT
Judith Hodge

Die Anästhesie hat sich zu einer hochspezialisierten medizinischen Disziplin entwickelt; seit den ersten Experimenten von Morton und Snow ist viel Zeit vergangen.

ANTIBIOTIKA

30 Sekunden Innovation

Antibiotika revolutionierten im 20. Jahrhundert die Medizin. Noch bis 1935 starben Menschen an kleinen Schnitten und Kratzern, die sich entzündeten. Das 1928 entdeckte Penicillin wird oft als erstes Antibiotikum bezeichnet, doch schwefelhaltige Arzneimittel dienten schon im Jahrzehnt zuvor zur Behandlung bakterieller Infektionen. Die helle orangerote Verbindung Prontosil wurde als industrieller Farbstoff eingesetzt, bevor der deutsche Wissenschaftler Gerhard Domagk sie an Mäusen testete, denen er eine tödliche Dosis des *Streptokokkus* injizierte. Die Mäuse, denen Prontosil verabreicht worden war, überlebten. Auf die Probe stellte 1935 Domagk eine *Streptokokkus*-Infektion seiner Tochter. Trotz mangelnder Tests an Menschen traf er in seiner Verzweiflung die Entscheidung, ihr hohe Dosen Prontosil oral zu verabreichen. Nach zwei Tagen war sie geheilt. Domagk erhielt 1939 für seine Entdeckung den Nobelpreis. Dennoch ist Penicillin bis heute das berühmteste Antibiotikum weltweit. Der schottische Biologe Alexander Fleming stellte fest, dass sich auf Schalen zum Züchten von *Staphylokokken* Schimmel gebildet hatte und rundherum eine bakterienfreie Zone entstanden war. Im Zweiten Weltkrieg kam Penicillin großflächig zur Behandlung infizierter Wunden zum Einsatz.

3-SEKUNDEN-FOKUS
Die Antibiotika läuteten eine neue Ära in der Behandlung ansteckender Krankheiten ein, denn die Menschen starben nicht mehr an verbreiteten Infektionen.

3-MINUTEN-ÜBERBLICK
Die Wirksamkeit und leichte Verfügbarkeit von Antibiotika hat zu ihrer inflationären Verwendung geführt – auch als Wachstumsförderer bei Tieren und Fischen. Mikroben wurden jedoch mit der Zeit gegen Antibiotika resistent. Multiresistente Superbazillen treten in einigen Formen der Tuberkulose und zunehmend bei HIV und Malaria auf. 2014 bezeichnete die Weltgesundheitsorganisation (WHO) die Antibiotikaresistenz als »ernsthafte Bedrohung«. Gegenwärtig werden Alternativen zu Antibiotika wie Killerbakterien und gewisse Metalle erforscht.

VERWANDTE THEMEN
IMPFUNG
Seite 72

ANÄSTHESIE
Seite 74

3-SEKUNDEN-BIOGRAFIEN
ALEXANDER FLEMING
1881–1955
Schottischer Biologe, dessen zufällige Entdeckung des Penicillins häufig als Beginn der Geschichte des modernen Antibiotikums gilt.

GERHARD DOMAGK
1895–1964
Deutscher Bakteriologe, der das erste kommerzielle Antibiotikum entwickelte.

30-SEKUNDEN-TEXT
Judith Hodge

Im letzten Jahrhundert als »Wundermittel« gepriesen, wurden seit den 1960er-Jahren nur noch wenige neue Antibiotika entwickelt. Fleming selbst warnte vor dem Missbrauch von Penicillin.

TABLETS
Mark
20 tablets of 0.3 g.

DAS MIKROSKOP

30 Sekunden Innovation

Anton van Leeuwenhoek aus den Niederlanden soll als Erster ein praxistaugliches Mikroskop gebaut und benutzt haben. Schon die alten Römer, Griechen und Chinesen hatten Vergrößerungslinsen verwendet. In den 1590er-Jahren ordneten zwei niederländische Brillenmacher namens Janssen mehrere Linsen hintereinander in einer Röhre an und entdeckten, dass sich das Bild mit einer zweiten und weiteren Linsen noch mehr vergrößern lässt. Ein solches Verbundmikroskop benutzte der englische Wissenschaftler Robert Hooke, um Körperhaare und Flöhe zu beobachten. Die Zeichnungen davon veröffentlichte er 1665 im Buch *Micrographia*. Leeuwenhoek schliff die Linsen auf neue Art, um die optischen Qualitäten zu verbessern. Damit erreichte er eine bis zu 200-fache Vergrößerung, während andere Mikroskope seiner Zeit nur eine 20- bis 30-fache Vergrößerung ermöglichten. Sein Mikroskop nutzte eine einzelne, auf einem Metallhalter angebrachte Sammellinse aus Glas und ließ sich mit Schrauben scharf stellen. In einem berühmten Experiment von 1674 betrachtete er das zuvor noch nie beobachtete emsige Leben in einem Tropfen Seewasser. Als Erster beschrieb er Bakterien, Hefepilze und die Zirkulation der Blutkörperchen in den Kapillaren.

3-SEKUNDEN-FOKUS
Vor der Erfindung des Mikroskops wusste man nicht, dass Lebewesen aus winzigen, mit bloßem Auge nicht zu erkennenden Strukturen bestehen.

3-MINUTEN-ÜBERBLICK
Lichtmikroskope können nur auf Objekte scharf stellen, die zumindest die Größe einer Wellenlänge des Lichts aufweisen. Max Knoll und Ernst Ruska erfanden 1931 das Elektronenmikroskop und hoben diese Einschränkung auf, indem sie einen Elektronen- anstelle eines Lichtstrahls durch die Probe schickten. Noch heute basieren Elektronenmikroskope mit bis zu zweimillionenfacher Vergrößerung im Wesentlichen auf Ruskas Prinzipien.

VERWANDTE THEMEN
DIE LINSE
Seite 82

RÖNTGEN
Seite 84

3-SEKUNDEN-BIOGRAFIEN

ZACHARIAS JANSEN
ca. 1580–ca. 1638
Niederländischer Optiker, der mit seinem Vater Hans das Mikroskop erfand.

ANTON VAN LEEUWENHOEK
1632–1723
Niederländischer Tuchhändler und Wissenschaftler, »Vater« des Mikroskops.

ERNST RUSKA
1906–1988
Deutscher Physiker, der 1986 für sein Werk über Elektronenoptik und die Erfindung des Elektronenmikroskops den Nobelpreis erhielt.

30-SEKUNDEN-TEXT
Judith Hodge

Mitte des 17. Jahrhunderts machte die Mikroskopie große Fortschritte; über die nächsten 200 Jahre blieben Mikroskope nahezu unverändert.

27. Dezember 1822
Geburt in Arbois als drittes Kind des armen Gerbers Jean-Joseph Pasteur und seiner Frau Jeanne-Etiennette Roqui

1848
Entdeckung der »Isomerie« der links- und rechtsdrehenden Moleküle als Chemiker an der Universität Straßburg

29. Mai 1849
Heirat mit Marie Laurent: Von ihren fünf Kindern erreichen nur zwei das Erwachsenenalter

1859
Entwicklung der kontroversen »Keimtheorie« durch Experimente mit Fermentation

1862
Auszeichnung für die Widerlegung der Theorie der spontanen Erzeugung; erfindet die Pasteurisierung

1865–1867
Rettung der europäischen Seidenindustrie durch die Entdeckung von Mikroben, die die Eier des Seidenspinners angreifen

1868
Schlaganfall im Alter von 45 Jahren

1879
Forschung zur Hühnercholera und künstlichen Impfstoffen

1881
Entwicklung eines Impfstoffs gegen Milzbrand

6. Juli 1885
Tollwutimpfung des neun Jahre alten Joseph Meister

1887
Gründung des *Institut Pasteur*, dessen Direktor er bis zum Tod bleibt

28. September 1895
Tod mit 72 Jahren durch einen weiteren Schlaganfall

LOUIS PASTEUR

Als Kind zeigte Louis Pasteur mehr Interesse am Malen und Zeichnen als an der Wissenschaft. Als Chemiker an der Universität von Straßburg entdeckte er, dass beinahe identische Moleküle als links- und rechtsdrehende »Spiegel«-Versionen auftreten. Dies hatte eine große Bedeutung für die Mikrobiologie (als deren »Vater« Pasteur bezeichnet wird) und die Entwicklung von Arzneimitteln.

1849 heiratete er Marie Laurent, die ihm bei allen wissenschaftlichen Experimenten assistierte. Nur zwei ihrer fünf Kinder erreichten das Erwachsenenalter, die anderen starben an Typhus. Pasteur schrieb, dass dies ihn zur Suche nach Heilmitteln für Infektionskrankheiten motivierte.

Einen Durchbruch stellte seine umstrittene »Keimtheorie« dar. In seinem berühmten Experiment demonstrierte Pasteur, dass Nahrungsmittel in der Luft durch Mikroben kontaminiert werden, sich aber durch Erhitzen entkeimen lassen. Mit der praktischen Umsetzung seiner Erkenntnis gelangte er zu Berühmtheit.

Der französische Weinhandel erlitt damals hohe Verluste, weil Flaschen beim Transport verdarben. Die Erfindung der Pasteurisierung – hier das kurzzeitige Erhitzen des Weins auf 55 °C – tötete die Mikroorganismen ab, ohne den Geschmack zu beeinträchtigen. Der Vorgang ließ sich auch auf andere Agrar- und Brauereierzeugnisse wie Milch und Bier anwenden.

Die Kontamination von Getränken brachte Pasteur auf die Idee, dass Mikroorganismen in Tieren und Menschen Krankheiten hervorrufen könnten, und seine Forschung inspirierte den britischen Chirurgen Joseph Lister zur Entwicklung antiseptischer Methoden in der Chirurgie.

Als Nicht-Biologe nahm Pasteur die Herausforderung zur Rettung der europäischen Seidenindustrie vor einer unbekannten Krankheit an. 1868 hatte er entdeckt, dass nicht eine, sondern zwei parasitäre Mikroben die Eier der Seidenspinner angreifen und die Desinfektion der Aufzuchtanlagen das Problem lösen würde.

Mit 45 erlitt Pasteur, wahrscheinlich infolge Überarbeitung, einen Schlaganfall. Ein mobiles Labor wurde neben seinem Bett errichtet. Bei seinem Studium der Hühnercholera bediente er sich früherer Arbeiten von Edward Jenner; außerdem stellte er Impfstoffe gegen Tollwut und Milzbrand her. Aufgrund seiner Notizbücher geht man heute davon aus, dass Pasteur den Anteil seiner Arbeiten übertrieben dargestellt haben dürfte, da er insgeheim die Methode des Tierarztes Jean Toussaint zur Herstellung eines Milzbrand-Impfstoff nutzte. Der erste Test eines Tollwut-Impfstoffes am Menschen, bei dem Pasteur einen Jungen impfte, verlief erfolgreich; nichtsdestotrotz hatte Pasteur eine zu hohe Zahl zuvor gemachte Tierversuche angegeben.

1887 gründete Pasteur das Forschungsinstitut, das bis heute seinen Namen trägt. Trotz seiner vielen anderen Errungenschaften bleibt Pasteur wohl der Allgemeinheit am lebhaftesten für die Erfindung der Pasteurisierung in Erinnerung.

Judith Hodge

DIE LINSE

30 Sekunden Innovation

3-SEKUNDEN-FOKUS
Durch die Erfindung der Linse blieben die Menschen länger produktiv, denn damit wurde der natürliche Alterungsprozess des Auges überwunden.

3-MINUTEN-ÜBERBLICK
Neue optische Instrumente wie Brillen, das Mikroskop oder das Teleskop beeinflussten im 16. Jahrhundert die Gesellschaft und ihre Weltsicht in umfassender Weise. Galileo Galilei entdeckte dank seines verbesserten Teleskopentwurfs Mondkrater und die vier Monde des Jupiters. Sein »Fernrohr« ließ in ihm die Theorie heranreifen, dass sich die Erde um die Sonne bewegt – eine Vorstellung, die zu seiner Zeit als Ketzerei galt.

Die ersten Linsen um 700 v. Chr. waren polierte Bergkristalle. Jahrhunderte später soll der römische Kaiser Nero Gladiatorenkämpfe mithilfe einer Smaragdlinse verfolgt haben. Zwei arabische Wissenschaftler veränderten unser Verständnis von Licht und Sehvermögen. Alhazen beschrieb in korrekter Weise die Brechung von Licht durch eine Linse (und die Funktionsweise des Auges). In seinem *Schatz der Optik* schilderte er die Effekte von Konkavlinsen und Vergrößerungsgläsern. Im 12. Jahrhundert ins Lateinische übersetzt, inspirierte das Buch den Franziskanermönch Roger Bacon dazu, Glaskugeln als Vergrößerungsgläser und Lesehilfen einzusetzen. Im 13. Jahrhundert betrieb man in Venedig und Florenz das Schleifen und Polieren von Linsen gewerblich, und ebenfalls in Italien wurden am Ende der 1280er-Jahre die ersten tragbaren Augengläser (Linsen für beide Augen) erfunden. Nur die wenigsten konnten im 14. Jahrhundert lesen und schreiben. Das änderte sich mit der Erfindung des Buchdrucks, die einen massiven Anstieg der Produktion von Büchern und Broschüren sowie eine entsprechende Nachfrage nach Brillen mit sich brachte. Die Weiterentwicklung der Linse durch niederländische Brillenmacher führte zur Erfindung des Mikroskops und im Jahr 1608 zur Erfindung des Linsenfernrohrs.

VERWANDTE THEMEN
DAS MIKROSKOP
Seite 78

DIE DRUCKPRESSE
Seite 98

3-SEKUNDEN-BIOGRAFIEN

ALHAZEN (IBN AL-HEITHEM)
ca. 965–ca. 1040
Arabischer Wissenschaftler, Autor des einflussreichen Buches *Schatz der Optik*.

ROGER BACON
ca. 1214–1294
Englischer Franziskanermönch und Philosoph, der aufgrund seiner Studien der optischen Eigenschaften von Linsen und Spiegeln der »Hexerei« angeklagt wurde.

GALILEO GALILEI
1564–1642
Italienischer Universalgelehrter, der das Galilei-Teleskop entwickelte und den Nachthimmel kartierte.

30-SEKUNDEN-TEXT
Judith Hodge

Augengläser mit Linsen trug man bereits 1284 in Italien; sie ersetzten die zu »Lesesteinen« halbierten Glaskugeln.

RÖNTGEN

30 Sekunden Innovation

Die Entdeckung der Röntgenstrahlen im Jahr 1895 machte erstmals das Körperinnere ohne Eingriff sichtbar. Als Wilhelm Röntgen sich mit dem Verhalten elektrischen Stroms bei Unterdruck beschäftigte, entdeckte er zufällig, dass elektromagnetische Strahlung Festkörper durchdringt. Er bezeichnete sie selbst als X-Strahlen (»X« für unbekannt). Später schickte er ein Röntgenbild der Hand seiner Frau, auf dem ihre Knochen und der Ehering zu erkennen waren, an Kollegen. Die Entdeckung veränderte die Medizin fast über Nacht. Nach kaum einem Jahr eröffnete die erste Radiologieabteilung im Krankenhaus von Glasgow: Auf den ersten Bildern waren ein Nierenstein und ein Penny im Hals eines Kindes zu sehen. Später verfolgte man den Weg der Nahrung durch das Verdauungssystem. Im Burenkrieg und im Ersten Weltkrieg wurde Röntgens Entdeckung verwendet, um verwundete Soldaten auf Knochenbrüche und Kugeln zu untersuchen. Die Technologie rief allenthalben Begeisterung hervor und wurde in theatralischen Vorführungen als Wunder präsentiert. Heute kommt sie in der Medizin zum Einsatz, um an Knochen, Zähnen und Organen Mängel festzustellen. In der Industrie werden damit Risse in Metall aufgespürt und am Flughafen Sicherheitschecks durchgeführt.

3-SEKUNDEN-FOKUS

Röntgens zufällige Entdeckung der Röntgenstrahlung veränderte die Medizin radikal, denn nun konnte man in den Körper sehen, ohne ihn aufzuschneiden.

3-MINUTEN-ÜBERBLICK

Die anfänglich uneingeschränkte Nutzung der Röntgenstrahlen führte zu ernsthaften Verletzungen. Wer mit den ersten Geräten bestrahlt wurde oder damit arbeitete, erlitt oft Hautverbrennungen, Haarausfall und Organschäden, denn die Strahlendosis überstieg die heute übliche um das bis zu 1500-fache. Als man die Schädlichkeit häufiger Bestrahlung erkannte, wurden spezielle Maßnahmen zum Schutz von Patient und Arzt ergriffen. Hohe Strahlendosen werden heute in der Krebsbehandlung eingesetzt.

VERWANDTE THEMEN

ANÄSTHESIE
Seite 74

ANTIBIOTIKA
Seite 76

DAS MIKROSKOP
Seite 78

3-SEKUNDEN-BIOGRAFIE

WILHELM RÖNTGEN
1845–1923

Deutscher Physiker, der 1901 für seine Entdeckung der Röntgenstrahlen, die auch heute noch weltweit Verwendung finden, mit dem ersten Nobelpreis für Physik ausgezeichnet wurde.

30-SEKUNDEN-TEXT

Judith Hodge

Röntgenstrahlen kommen etwa in der Kristallografie zum Einsatz – Rosalind Franklin entdeckte so die Struktur der DNA. Außerdem helfen sie bei der mikroskopischen Analyse – zur Bilderzeugung auf sehr kleinen Objekten.

DIE ANTIBABYPILLE

30 Sekunden Innovation

Sie ist untrennbar mit der freien Liebe, den »freizügigen Sechzigern« und der Befreiung der Frau verbunden: die Antibabypille. In den 1950er-Jahren wurde sie von den amerikanischen Biologen Gregory Pincus und John Rock entwickelt. Wohl wenige Erfindungen hatten so tief greifende Auswirkungen auf das Leben der Frauen, doch der Weg bis zum Siegeszug der Pille war steinig. Bei einer Dinnerparty in New York überzeugte die Empfängnisverhütungsaktivistin Margaret Sanger Pincus davon, eine Verhütungspille mit den Wirkstoffen Östrogen und Progesteron zu entwickeln. In groß angelegten Studien in Puerto Rico im Jahr 1956 bewies die Pille ihre Wirksamkeit, doch wurden einige schwerwiegende Nebenwirkungen ignoriert. Im Folgejahr ließ die amerikanische Arzneimittelzulassungsbehörde (FDA) die Pille zunächst als Medikament gegen schwere Menstruationsbeschwerden zu. 1960 folgte die Zulassung zur Empfängnisverhütung, und schon nach fünf Jahren nahmen 6,5 Millionen Amerikanerinnen die Pille, die damit zur beliebtesten Art der Empfängnisverhütung in den USA aufstieg. Ihre Markteinführung in Deutschland erfolgte 1961, in der DDR wurde sie ab 1965 als »Wunschkindpille« kostenlos abgegeben. Weltweit nehmen heute etwa 100 Millionen Frauen die Pille.

3-SEKUNDEN-FOKUS
Die Pille war einer der bedeutendsten medizinischen Fortschritte des 20. Jahrhunderts, denn sie veränderte das Sexualverhalten von Grund auf.

3-MINUTEN-ÜBERBLICK
Von Anfang an verband man mit der Pille auch Ängste um die Gesundheit. So wurde ihre Verwendung unter anderem mit Blutgerinnseln, Schlaganfällen, Herzinfarkten und Diabetes in Verbindung gebracht. In den 1980ern vermutete die Forschung einen Zusammenhang zwischen der Pille und Brustkrebs, sodass die Einnahme zurückging. Es gab auch Bedenken bezüglich der hohen Hormonwerte in der Pille, die heute niedriger sind. Die Pille schützt jedoch auch vor Eierstockkrebs und Beckenentzündung.

VERWANDTE THEMEN

IMPFUNG
Seite 72

ANTIBIOTIKA
Seite 76

3-SEKUNDEN-BIOGRAFIEN

MARGARET SANGER
1879–1966
Amerikanische Aktivistin, die die erste Empfängnisverhütungsklinik eröffnete und die *Planned Parenthood Federation of America* ins Leben rief, die die Entwicklung der Pille förderte.

JOHN ROCK & GREGORY PINCUS
1890–1984 & 1903–1967
Amerikanische Mediziner, die die erste Pille entwickelten.

CARL DJERASSI
1923–2015
Bulgarisch-amerikanisch-österreichischer Chemiker, der 1951 den Wirkstoff der Pille aus der mexikanischen Jamswurzel synthetisierte.

30-SEKUNDEN-TEXT
Judith Hodge

Die Pille war das erste Lifestyle-Medikament; sie verlieh den Frauen die Kontrolle über ihre eigene Fruchtbarkeit.

Start

DER HERZ-SCHRITTMACHER

30 Sekunden Innovation

Die Erfindung des Herzschrittmachers, der elektrische Impulse aussendet, um die Herzfrequenz zu stabilisieren, war lebensrettend. Zuvor schufen nur zwei Maßnahmen bei unregelmäßigem Herzrhythmus oder Herzstillstand Abhilfe: mechanische Stimulation des Herzens oder Injektion eines Stoffs wie Adrenalin durch die Brustwand. Beides wirkte unzuverlässig. Die ersten Herzschrittmacher waren externe Maschinen, so groß wie TV-Geräte, mit denen Elektroschocks verabreicht wurden. Albert Hymans Erfindung von 1932 wurde von einem Motor mit Handkurbel angetrieben. Die öffentliche Meinung, dass Schrittmacher in die Natur eingreifen und »Tote wiederbeleben«, behinderte die Forschung bis in die 1950er-Jahre. 1958 erhielt Arne Larsson als erster Mensch einen implantierbaren Schrittmacher, dessen Elektroden am Herzmuskelgewebe befestigt wurden. Der schwedische Arzt und Erfinder Rune Elmqvist hatte das Gerät in Zusammenarbeit mit dem Herzchirurgen Åke Senning entwickelt. Der Patient erhielt in seinem Leben 26 weitere Schrittmacher und starb mit 86 Jahren – er überlebte Erfinder und Chirurg. Leider waren die ersten Schrittmacherbatterien sehr kurzlebig. 1971 erfand Wilson Greatbatch die langlebige Lithium-Iod-Batterie, die für Schrittmacher zum Standard wurde.

3-SEKUNDEN-FOKUS
Der Herzschrittmacher, der den Herzschlag mithilfe von elektrischen Impulsen reguliert, hat Abertausende Leben gerettet.

3-MINUTEN-ÜBERBLICK
Moderne Herzschrittmacher kann der Kardiologe genau auf den Patienten zugeschnitten extern programmieren. Einige Geräte sind Schrittmacher und Defibrillator in einem. Bei anderen stimulieren Elektroden verschiedene Bereiche im Herzen und verbessern so die Synchronisierung der unteren Herzkammern (Ventrikel). Der jüngste Entwicklungsstand ist ein neues kabelloses Gerät von der Größe eines Reiskorns, das direkt ins Herz eingesetzt wird.

VERWANDTES THEMA
RÖNTGEN
Seite 84

3-SEKUNDEN-BIOGRAFIEN

ALBERT HYMAN
1893–1972
Amerikanischer Kardiologe, der mit seinem Bruder Charles einen der ersten »künstlichen Schrittmacher« baute und diesen als solchen bezeichnete.

RUNE ELMQVIST
1906–1996
Schwedischer Arzt, Ingenieur und Entdecker, der den ersten implantierbaren Herzschrittmacher entwickelte.

WILSON GREATBATCH
1919–2011
Amerikanischer Ingenieur und Erfinder, Inhaber von 350 Patenten, darunter die Lithium-Iod-Batterie, die standardmäßig in Schrittmachern Verwendung findet.

30-SEKUNDEN-TEXT
Judith Hodge

Seit Mitte der 1980er-Jahre werden münzgroße Schrittmacher routinemäßig eingesetzt.

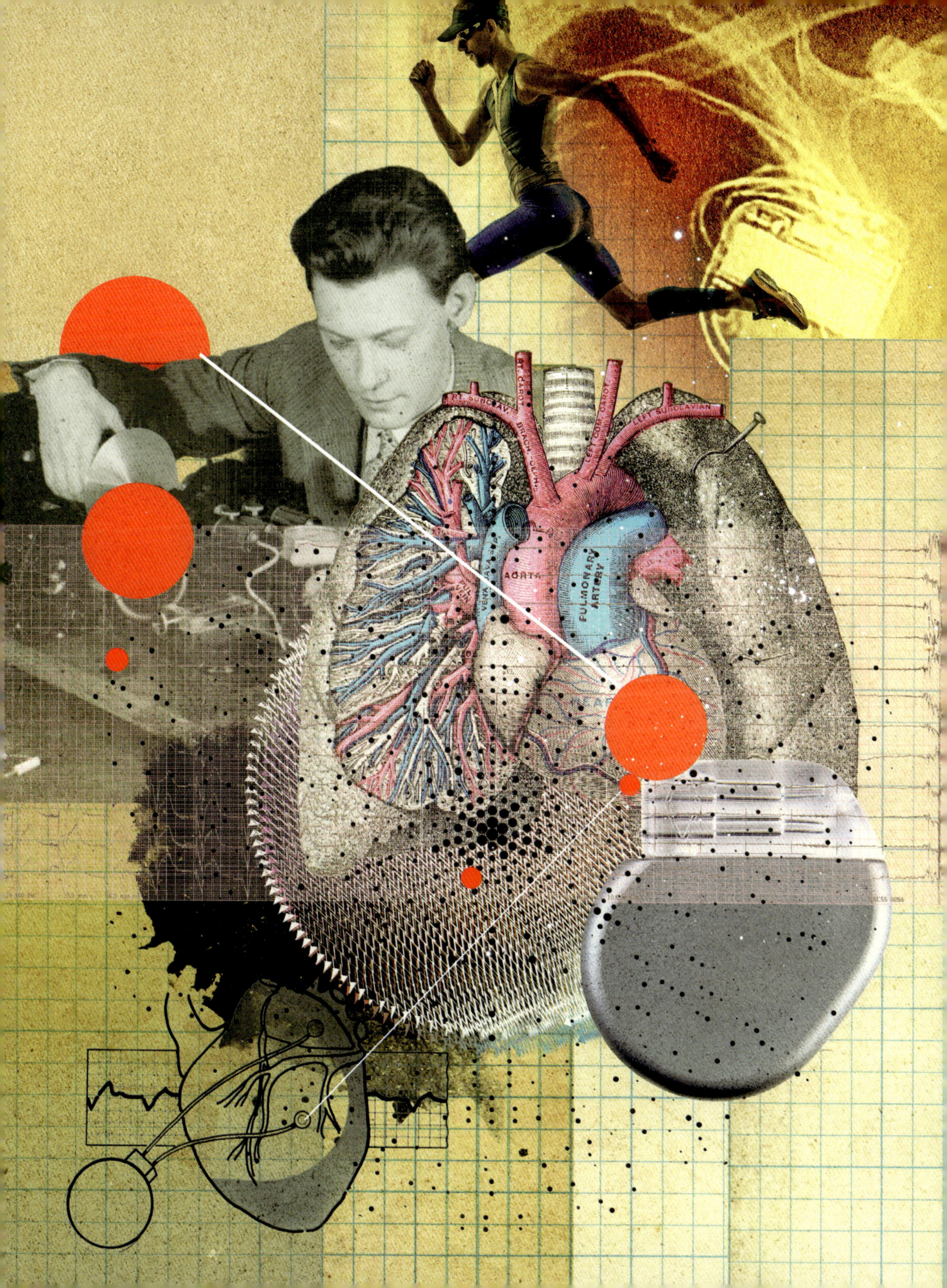
LEFT SUBCLAVIAN
AORTA
PULMONARY ARTERY

KOMMUNIKATION

KOMMUNIKATION
GLOSSAR

Analytical Engine Charles Babbages Entwurf einer mechanischen Rechenmaschine aus dem Jahr 1837. Er enthielt ein Rechenwerk, eine elementare Ablaufsteuerung mit Lochkarten nach dem Muster des Jacquard-Webstuhls und einen integrierten Speicher. Wie Babbages Differenzmaschine wurde sie zu seinen Lebzeiten nicht gebaut.

Audion Eine Elektronenröhre zur Verstärkung von Radiosignalen – drei Elektroden, ein Kathodenglühfaden, ein Anodenteller und ein Steuergitter, angebracht in einer Vakuumröhre aus Glas oder Metall.

Binärrechnung Ein Zahlensystem mit nur zwei Ziffern: 0 und 1. Es kommt in Computern als Reihe von Ein- und Ausschaltern zum Einsatz.

Boole'sche Algebra Entwickelt von George Boole, einem Mathematiker und Computer-Pionier. Ein Boole'scher Wert oder Bool besteht aus Operatoren wie UND, ODER, NICHT sowie ENTWEDER-ODER. Bools werden oft in der Programmierung und bei Suchmaschinen im Internet verwendet. Ein Boole'scher Ausdruck führt entweder zum Wert WAHR oder FALSCH.

Colossus Erster elektrisch programmierbarer Computer, 1943 erfunden und gebaut vom englischen Ingenieur Tommy Flowers. Von den Briten im Zweiten Weltkrieg zum Entschlüsseln deutscher Nachrichten eingesetzt.

Druckmaschine mit beweglichen Lettern Drucktechnologie, die einzelne und wiederverwendbare Lettern aus Metall verwendete.

Generator 1904 von Ernst Alexanderson erfundene rotierende Maschine. Sie erzeugte die für die Schallübermittlung mit Amplitudenmodulation (AM) erforderlichen durchgängigen Radiowellen und ermöglichte die Übertragung von Sprache.

Hieroglyphen Ursprünglich reine Bilderschrift der alten Ägypter (3200 v. Chr.–400 n. Chr.).

HTML Hypertext Markup Language, mit der Webseiten erstellt werden.

HTTP Hypertext Transfer Protocol zum Aufruf von Webseiten.

Kathodenstrahl Elektronenstrahl in einer Vakuumröhre, der von einer negativ geladenen Elektrode (Kathode) am einen Ende zur positiv geladenen Elektrode (Anode) am anderen Ende verläuft. Er wurde früher für die Bilderzeugung in Fernsehern und Computermonitoren verwendet.

Kineskop-Röhre Vorform des elektronischen Fernsehers, die Vladimir Zworykin 1929 erfand.

Klystron Hochfrequenzverstärker zur Erzeugung von Mikrowellen, erfunden von den Brüdern Russell und Sigurd Varian – die Technologie, die Fernsehen im Ultrahochfrequenzband (UHF) ermöglichte.

Kohärer oder Fritter Frühe Form eines Funkmelders, der aus einer Glasröhre bestand, gefüllt mit Metallspänen, deren elektrischer Volumenwiderstand sich bei vorhandenen Funkwellen verringerte. Die Identität seines Erfinders bleibt umstritten. Der Kohärer wurde 1901 von Marconi patentiert, geht aber offenbar auf Jagadish Chandra Bose zurück.

Konsonantenschrift (Abdschad) Präalphabetische Schrift ohne Symbole für Vokale.

Lingua franca Gemeinsame Sprache für ein größeres Gebiet.

Mechanischer Fernseher Frühe Form des Fernsehers, basierend auf perforierten Drehscheiben und Spiegeln.

Morsezeichen Ein System zum Versenden von Nachrichten, in den späten 1830er-Jahren erfunden von Samuel Morse und Alfred Vail.

Orthicon Eine 1943 von Vladimir Zworykin entwickelte Kamera mit ausreichender Lichtempfindlichkeit für Außenaufnahmen bei Nacht.

OS Kurzform für »Operating System« (Betriebssystem) – die wichtigste Software, die auf Computern oder Smartphones läuft. Sie verwaltet Speicher, Rechenprozesse und Programme.

Phonemisches Alphabet Abstraktes Schriftsystem, in dem jedes Symbol einen Laut darstellt.

Protosemitisches Alphabet Erstes Alphabet, abgleitet von ägyptischen Hieroglyphen, das in Ägypten und auf dem Sinai verwendet wurde.

Setzschiff Ein Tablett, auf dem die gesetzten Zeilen vor dem Druck abgelegt wurden.

Thalassokratie Aus dem Griechischen stammende Bezeichnung für einen Staat, dessen Überlegenheit auf seiner Seemacht beruht.

URL Uniform Resources Locator – ein universelles System zur Erkennung des Speicherorts von Webseiten.

DAS ALPHABET

30 Sekunden Innovation

Die alten Griechen schufen im 8. Jahrhundert v. Chr. das erste richtige Alphabet. Ihre wegweisende Neuerung bestand in der Verwendung von Zeichen für Vokale. So entstand ein Schriftsystem, mit dem sich Sprache eindeutig festhalten ließ. Archäologische Funde belegen, dass bereits um 1700 v. Chr. semitische Arbeiter in Ägypten auf der Grundlage der unpraktischen Hieroglyphen ein erstes Alphabet entwickelt hatten. Mit wenigen Dutzend Symbolen erwies sich das Protosemitische Alphabet als für den Handel nützlich und erlebte eine weite Verbreitung. Die phönizische Thalassokratie des 8. Jahrhunderts v. Chr. entwickelte daraus ein phonemisches Alphabet, dessen Zeichen nicht Silben, sondern Konsonanten darstellten. Für ihren Handel mit Kulturen in Kleinasien und im Mittelmeerraum benutzten die Phönizier ihre Konsonantenschrift und hielten damit auch die Sprachen fest, denen sie begegneten. Da es um viel Geld ging, lernten ihre Handelspartner schon bald die phönizische Schrift und verbreiteten sie weiter. Doch das Fehlen von Vokalen sorgte für Verwirrung. Die Griechen lösten das Problem, indem sie Zeichen, die einen in ihrer Sprache nicht vorhandenen Laut repräsentierten, zu Vokalen umfunktionierten.

3-SEKUNDEN-FOKUS
Zu den am meisten genutzten Alphabeten der heutigen Welt zählen das griechische, kyrillische, arabische und lateinische, die alle von einem gemeinsamen Vorfahren im Nahen Osten abstammen.

3-MINUTEN-ÜBERBLICK
Die Einführung von Alphabetschriften wurde notwendig, als weit entfernte Völker miteinander in Kontakt traten. Handel, Diplomatie und Krieg erforderten die genaue Aufzeichnung und Übermittlung von Informationen. Die frühen Konsonantenschriften mit einer überschaubaren Anzahl von Symbolen und die anschließende Hinzufügung von Vokalen machten die Informationen zugänglicher und schufen das Umfeld, in dem kodifiziertes Recht, Logik, Wissenschaft und Geschichtsschreibung gedeihen konnten.

VERWANDTE THEMEN
DIE DRUCKPRESSE
Seite 96

DER COMPUTER
Seite 98

DER TELEGRAF
Seite 100

3-SEKUNDEN-BIOGRAFIE
PIERRE MONTET
1855–1966
Französischer Entdecker, der 1923 im libanesischen Jbeil den Sarkophag von König Ahiram mit einer Inschrift in altphönizischer Schrift entdeckte.

30-SEKUNDEN-TEXT
Diana Rawlinson

Mit den Buchstaben eines jeden Alphabets lassen sich eine oder mehrere Sprachen schreiben. Zwei der frühesten Konsonantenschriften werden bis heute im Arabischen und Hebräischen verwendet.

DIE DRUCKPRESSE

30 Sekunden Innovation

Johannes Gutenberg demonstrierte um 1440 in Mainz als Erster die Praxistauglichkeit einer »Maschine mit beweglichen Lettern«. Der Goldschmied hatte den Bedarf an in Massen produzierten Büchern erkannt, da im Europa der Renaissance immer mehr Vertreter weltlicher Stände zu lesen begannen. Gutenbergs Innovation verband aus Blei, Zinn und Antimon gegossene Lettern gleicher Größe, Schraubenpresse und ölhaltige Tinte zu einer beständigen und wiederverwendbaren Technologie. Jeder einzelne Buchstabe des Alphabets konnte beliebig gesetzt werden, um Wörter zu bilden. Durch Leerraum getrennte Wörter bildeten Zeilen, die auf einem Setzschiff zu einer Seite angeordnet wurden. Bücher wurden zugänglicher und erschwinglicher. Eine weitere Folge waren die bessere Verbreitung und zunehmende Standardisierung von Informationen, wodurch Bildung, Wissenschaft und Technologie beflügelt wurden. Trotz Gutenbergs Bemühungen zur Geheimhaltung besaßen um 1500 über 250 Städte Europas Druckpressen, mit denen ca. 20 Millionen Bände gedruckt wurden. Gutenbergs berühmteste Druckausgabe waren die 180 Exemplare der Bibel, die auf der Frankfurter Buchmesse 1455 verkauft wurden; etwa 50 haben bis heute überlebt.

3-SEKUNDEN-FOKUS
Die Erfindung der Druckpresse brachte Bücher zu den Massen und läutete das Ende des Lateinischen als »Lingua franca« ein.

3-MINUTEN-ÜBERBLICK
Schon vier Jahrhunderte vor Gutenberg erstellte der chinesische Kunsthandwerker Pi Sheng Texte mit Lettern aus Ton und Klebstoff auf einer Eisenplatte. Da die chinesische Schrift aber Abertausende von Zeichen umfasste und Pressen in China unbekannt waren (weder Wein noch Olivenöl wurden dort hergestellt!), konnten sich Druckpressen im damaligen China nicht durchsetzen.

VERWANDTE THEMEN
TIM BERNERS-LEE
Seite 102

DAS SMARTPHONE
Seite 108

3-SEKUNDEN-BIOGRAFIEN

PI SHENG
990–1051
Chinesischer Kunsthandwerker, der Zeichen in Ton ritzte und die beweglichen Lettern erfand.

JOHANNES GUTENBERG
1398–1468
Deutscher Goldschmied und Steinmetz, der eine Maschine zum Druck »mit beweglichen Lettern« erfand.

ALDUS PIUS MANUTIUS
1449–1515
Italienischer Humanist, der 1494 die Druckerei Aldina in Venedig gründete, die viel beachtete Editionen antiker Klassiker veröffentlichte.

30-SEKUNDEN-TEXT
Diana Rawlinson

Die Gutenberg-Bibel war das erste Werk der Welt, das gedruckt und nicht von Hand kopiert wurde.

paulinus

DER COMPUTER

30 Sekunden Innovation

3-SEKUNDEN-FOKUS
Computer haben die menschliche Leistungsfähigkeit in vielen Bereichen verbessert, doch unsere umfassende Abhängigkeit von ihnen gibt auch Anlass zur Besorgnis.

3-MINUTEN-ÜBERBLICK
Dank der Computer konnten wir zuvor Unmögliches oder Schwieriges leisten – vom bemannten Mondflug bis zum Sortieren unserer Fotos. Computer gehen aber beim Ausführen von Aufgaben streng nach vorgegebenen Anweisungen vor, und noch keiner hat bisher den »Turing-Test« zum Vergleich des Denkvermögens von Mensch und Maschine bestanden. Computer »denken« nicht wirklich. Ist es das, was im Kern das Menschsein ausmacht – dass wir denken?

Vor der industriellen Revolution wurden Maschinen für eine bestimmte Aufgabe entwickelt, z. B. zur Zeitmessung oder zum Mahlen von Getreide. Doch eine größere Mechanisierung verlangte nach mehr Flexibilität. 1801 baute Joseph Jacquard eine Webmaschine, bei der austauschbare Lochkarten zur Kontrolle der Stoffmuster verwendet wurden: Sie erfüllte als erste Maschine mehr als nur eine Aufgabe. Inspiriert von dieser Erfindung, entwarf Charles Babbage 1822 seine »Differenzmaschine«. Ihm schwebte eine Universalmaschine vor, die unbegrenzte Berechnungen ausführen konnte, um Fehler zu minimieren und die Genauigkeit von Ergebnissen zu analysieren. Aufgrund finanzieller und technologischer Hindernisse wurde Babbages Maschine zu seinen Lebzeiten nicht gebaut. Komplexere Anforderungen im Ingenieurwesen und in der Armee, insbesondere während des Zweiten Weltkriegs, machten Berechnungen jenseits der Möglichkeiten des Menschen erforderlich. Als Alan Turing 1936 seine These einer »Universellen (Turing-)Maschine« aufstellte, die jede Berechnung jeder anderen Rechenmaschine durchführen kann, schuf er damit die Grundlage der EDV, die gemeinsam mit der Elektronik das Fundament moderner Computer bildet.

VERWANDTE THEMEN
DER FERNSEHER
Seite 106

DAS SMARTPHONE
Seite 108

3-SEKUNDEN-BIOGRAFIEN
ADA LOVELACE
1815–1852
Englische Mathematikerin, die einen Algorithmus für die »Analytical Engine« von Babbage schrieb.

KONRAD ZUSE
1910–1995
Deutscher Erfinder, der 1938 den ersten vollständig programmgesteuerten Computer (Z1) und 1941 den ersten funktionstüchtigen programmierbaren Computer (Z3) baute.

ALAN TURING
1912–1954
Englischer Mathematiker, dessen Rechenmodell (Turingmaschine) Algorithmen mathematisch fassbar machte.

30-SEKUNDEN-TEXT
Diana Rawlinson

ENIAC, der erste elektronische Computer, kostete 500 000 US-Dollar und belegte die Fläche eines kleinen Hauses.

DER TELEGRAF

30 Sekunden Innovation

3-SEKUNDEN-FOKUS
Kommunikation ohne Zeitverzögerung mit dem Telegrafen veränderte das Bild der Menschen von der Ordnung der Welt.

3-MINUTEN-ÜBERBLICK
Gelegentlich wird der elektrische Telegraf auch als »Viktorianisches Internet« bezeichnet, denn seine gesellschaftlichen Auswirkungen waren beinahe ebenso tief greifend und die Reaktionen in der Öffentlichkeit ebenso kontrovers. Beide übermitteln Nachrichten als Code und lassen eine Kluft zwischen den zur Manipulation der Nachrichten Fähigen und ihren reinen Empfängern entstehen. Beide rufen Besorgnis um die Sicherheit von Informationen hervor und haben zur engen Vernetzung der Menschen geführt – mit der Möglichkeit, sie zu vereinen oder zu trennen.

Zu Beginn des 19. Jahrhunderts suchten Wissenschaftler nach einem Kommunikationssystem, das ohne Sichtkontakt große Entfernungen überwinden konnte. In Großbritannien entwickelten William Fothergill Cooke und Charles Wheatstone einen elektrischen Telegrafen zur Signalübermittlung bei der Bahn, in den USA Samuel Morse, Alfred Vail und Leonard Gale ein batteriebetriebenes System, das nur einen Taster zum Eintippen der Punkte und Striche des Morsecodes und einen Draht zur Gegenstelle benötigte. Die Regierung bewilligte Geld für den Bau einer Telegrafenleitung von Washington nach Baltimore, und im Mai 1844 sendeten Morse und Vail ihre erste Nachricht, die aus 19 Zeichen bestand. Sie lautete: »What hath God wrought« (Was hat Gott geschaffen). Schon bald erkannte man auch das kommerzielle Potenzial des Telegrafen, was den schnellen Ausbau der Telegrafenverbindungen im Land zur Folge hatte. Das Handelsvolumen wuchs; die Märkte konnten effizienter genutzt, Informationen leichter übertragen werden. Der Telegraf revolutionierte die Kommunikation, steigerte den Wert von Wissen und veränderte von Grund auf die Welt der Diplomatie und des Militärs.

VERWANDTE THEMEN
DER COMPUTER
Seite 98

DAS RADIO
Seite 104

DER FERNSEHER
Seite 106

3-SEKUNDEN-BIOGRAFIEN
ALESSANDRO GIUSEPPE VOLTA
1745–1827
Italienischer Physiker und Chemiker, der die erste Batterie entwickelte und das Methangas entdeckte.

SAMUEL FINLEY BREESE MORSE
1791–1872
Amerikanischer Porträtist und Erfinder des elektrischen Telegrafen, zusammen mit Alfred Vail erfand er den Morsecode.

30-SEKUNDEN-TEXT
Diana Rawlinson

Die elektrische Telegrafie markiert den Anfang der Nutzung von Energie zur Nachrichtenübertragung.

8. Juni 1955
Geburt in London als Sohn von Conway Berners-Lee und Mary Lee Woods

1976
Herausragender Abschluss in Physik am Queen's College, Oxford

1980
Präsentation des Konzepts einer Verwendung von »Hypertext« für den leichteren Informationsaustausch am CERN, wo er arbeitet

1989
Empfehlung eines Systems für den globalen Informationsaustausch, genannt World Wide Web mit der Schrift »Informationsmanagement: Ein Vorschlag«

1991
Entwicklung des ersten Webbrowsers und Texteditors, erste Website »info.cern.ch« des CERN ging online. Sie erklärte das World Wide Web und ermutigte die Benutzer zur Einrichtung eigener Websites

1994
Gründung des World Wide Web Consortiums (W3C) am Massachusetts Institute of Technology, das sich zu offenen Webstandards verpflichtet

1999
Wahl zu einer der 100 bedeutendsten Personen des 20. Jahrhunderts durch das *Time Magazine*

2004
Ritterschlag und Auszeichnung mit dem finnischen *Millennium Technology Prize*

2007
Verleihung des *Order of Merit*, einer vom britischen Monarchen verliehenen Auszeichnung. Nur jeweils 24 Personen und der Monarch selbst sind Mitglieder des Ordens

2009
Wahl zum Mitglied der American Academy of Arts and Sciences

2011
Einer von drei Preisträgern des MGA (Michail-Gorbatschow-Preis – Der Mann, der die Welt veränderte)

2012
Mitbegründer des Open Data Institute, das sich für globale offene Daten einsetzt

2012
Auftritt bei der Eröffnungszeremonie der Londoner Olympiade vor 900 Millionen Zuschauern; er twittert: »Das ist für alle«

TIM BERNERS-LEE

Tim Berners-Lee war schon als Kind von Elektronik fasziniert und baute Steuergeräte für seine Modelleisenbahn. Seine Eltern waren Informatiker und arbeiteten an einem der ersten kommerziell hergestellten Computer, dem Ferranti Mark I. Seine Berufswahl dürfte sie also kaum überrascht haben.

Nach seinem Abschluss in Physik in Oxford arbeitete Berners-Lee als Software-Ingenieur und Berater, u. a. beim CERN, dem Forschungszentrum für Teilchenphysik in Genf. Hier sprach er erstmals das Problem des Informationsaustauschs an und legte einen visionären Ansatz vor, aus dem später das World Wide Web hervorging.

Das »Internet«, die Verbindung von Computern, zur Übertragung von Inhalten unter Forschern und Akademikern existierte bereits seit den 1960er-Jahren. Berners-Lee stellte beim CERN fest, dass jedes Forscherteam seine Daten in einem anderen Computernetzwerk sammelte und dabei mitunter unterschiedliche Programmiersprachen nutzte, was die Zusammenarbeit kompliziert machte. Seine Lösung war die Verbindung des Internets mit einer neuen Technologie namens Hypertext, der die Aufbereitung von Dokumenten für das Lesen am Bildschirm ohne vorherigen Download von jedem Ort des Netzwerks ermöglichte. Seine Prototyp-Software trug den Namen ENQUIRE.

Zwar wurde Berners-Lees Vorschlag für das World Wide Web 1989 vom CERN nicht als offizielles Projekt übernommen, doch führte er seine Arbeit fort. 1990 hatte er zusammen mit dem Informatik-Ingenieur Robert Cailliau die drei fundamentalen Technologien entwickelt, die die Grundlage des Webs bilden: HTML (Hypertext Markup Language), URL (Uniform Resource Locator) und HTTP (Hypertext Transfer Protocol). Er programmierte den ersten Webbrowser und den ersten Webserver.

Von Anfang an erkannte Berners-Lee, dass sich das wahre Potenzial des Webs nur nutzen lässt, wenn der zugrunde liegende Code lizenzfrei erhältlich ist. So kann ihn jeder benutzen und weiterentwickeln. Deshalb setzte er sich stets für frei nutzbare Daten, Neutralität des Netzes und für das Web als globales Gemeinschaftsgut ein. Über seinen technischen Beitrag hinaus ist sein Engagement für offene Ressourcen von grundlegender Bedeutung, die sich über den Technologiesektor hinaus in Politik, wissenschaftliche Forschung, Bildung und Kultur verbreiteten.

Diana Rawlinson

DAS RADIO

30 Sekunden Innovation

1886 wies Heinrich Hertz experimentell nach, dass sich nicht sichtbare, elektromagnetische Wellen (Radiowellen) durch den Raum senden lassen. Dieser Durchbruch führte zur ersten kabellosen Kommunikation mit der auf Morsecode basierenden »kabellosen Telegrafie«, die 1896 Guglielmo Marconi in England und Nikola Tesla in den USA patentieren ließen. In Kalkutta erfand Jagadish Chandra Bose zur selben Zeit den Kohärer (Fritter), der das Übertragen von Radiowellen durch Wände oder im Wasser ermöglichte. Die kabellose Übertragung wurde damals vorwiegend militärisch und zur See genutzt, wo sie die Reisesicherheit erhöhte. Auf das Gros der Gesellschaft hatte sie nur wenig Einfluss. Bis zur ersten Übertragung von Sprache waren weitere technologische Verbesserungen erforderlich. 1906 übertrug Reginald Fessenden ein kurzes Programm aus Sprache und Musik aus Brant Rock im US-Bundesstaat Massachusetts. Bedenken offizieller Seiten hinsichtlich der Sicherheit kabelloser Übertragungen verhinderten die Ausbreitung des Radios während des Ersten Weltkriegs; 1919 wurden die Bestimmungen gelockert und die Entwicklung der Sprachübertragung konnte weitergehen. Die Menschen gewöhnten sich daran, im Radio von den neuesten Ereignissen im In- und Ausland zu hören. Die Ära der Massenmedien hatte begonnen.

3-SEKUNDEN-FOKUS
Das Radio ermöglichte den Menschen ungeachtet ihrer finanziellen Situation als erste Technologie die Teilnahme an Kulturveranstaltungen in Echtzeit.

3-MINUTEN-ÜBERBLICK
Durch die Einführung des Radios in den 1920ern erhielten die Menschen umfassenden Zugang zu Unterhaltung, Informationen und Bildung. Die Bedienung des Radios erforderte keine besonderen Kenntnisse, und man konnte sich sofort über die neuesten gesellschaftlichen Trends ins Bild setzen. Der Rundfunk trug mit seiner Unmittelbarkeit zur Vernetzung der Menschen bei und mobilisierte sie. Die schnelle Verbreitung von Radioapparaten ließ neue Branchen wie die Produktion von Programminhalten, Werbung und Nachrichten entstehen.

VERWANDTE THEMEN
DER COMPUTER
Seite 98

DER TELEGRAF
Seite 100

DER FERNSEHER
Seite 106

3-SEKUNDEN-BIOGRAFIEN

NIKOLA TESLA
1856–1943
Serbisch-amerikanischer Elektroingenieur, der den Wechselstrom-Induktionsmotor patentieren ließ. Im Schlagabtausch mit Marconi bezüglich der Erfindung des Radios wurde Tesla 1943 posthum das Patent in den USA verliehen.

GUGLIELMO MARCONI
1874–1937
Italienischer Erfinder, der den ersten drahtlosen Langstrecken-Telegrafen entwickelte und 1901 das erste transatlantische Signal übertrug.

30-SEKUNDEN-TEXT
Diana Rawlinson

Anfang des 20. Jahrhunderts entstanden durch die drahtlose Telegrafie Unterhaltungsmedien.

38 • 40 • 44
LISBOA
ITAL.
GR.
VOLUME
ON/OFF
FM
MW
ZARAGOZA
MADRID
BARCELONA
RENNES
SOTTENS
800
ANDORRA
900
BRUSELAS
BERLIN
MALAGA
SAN SEBASTIAN
LISBOA
CORUÑA
RABAT
700
1000
PARIS
1100
MARSELLA
FLORENCIA
650
STAASHAW
BURDEOS
1200
SEVILLA
VALENCIA
BADALONA
600
1300
TOULOUSE
LYON
VIENA
STUTTGART
1400
100 90
10 0

DER FERNSEHER

30 Sekunden Innovation

Seit 1900 tüftelten Erfinder in Großbritannien, Japan, Deutschland und den USA an der Entwicklung eines Fernsehers. Von den Dutzenden von Versuchen lieferten einige Teilerfolge. 1925 brachte John Logie Baird in London das Publikum mit der Vorführung der ersten undeutlichen Bilder zum Staunen, wurde aber im Rennen um die Herstellung eines wirtschaftlich rentablen Geräts von anderen Erfindern verfolgt. Bereits zwei Jahre später hatte das »vollelektronische« Modell von Vladimir Zworykin und Philo Farnsworth aus den USA Bairds »mechanischen Fernseher« verdrängt. Im Zweiten Weltkrieg kam die kommerzielle Entwicklung zum Stillstand oder war verboten. Nach 1946 gewann sie mit verbesserter Nutzererfahrung auf der Basis der innovativen Radartechnik aus dem Krieg an Fahrt. Der Verkauf von Fernsehern nahm zu, Werbung und Sponsoring brachten Geld ein. Das Fernsehen veränderte das Freizeitverhalten der Menschen. Zwar war der Nutzen des Mediums als Vermittler von Unterhaltung und Bildung bekannt, doch rief der wachsende Fernsehkonsum auch Kritiker auf den Plan. Ihre Erkenntnis: Wer den Inhalt kontrolliert, übt große Macht aus. Außerdem könnte die Förderung einer Konsumkultur zur Spaltung der Gesellschaft führen.

3-SEKUNDEN-FOKUS
Das Fernsehen unterhält und informiert uns. Es vermittelt uns ein Gefühl der Verbundenheit und hat die familiäre und soziale Interaktion verändert.

3-MINUTEN-ÜBERBLICK
Zu Beginn des 21. Jahrhunderts finden sich in vielen Haushalten mehr Fernseher als Bewohner. Das Fernsehen hat unser Verhalten, unsere Werte und die gesellschaftlichen Normen stark beeinflusst. Von der Fettleibigkeit bis zur Zunahme der Gewalt ist es schon für alles Mögliche verantwortlich gemacht worden, und Begriffe wie »Mattscheibe« oder »Glotze« rufen uns in Erinnerung, dass es uns zwar auch Bildung vermitteln kann, jedoch nicht in jedem Fall den geistigen Horizont erweitert.

VERWANDTE THEMEN

DER COMPUTER
Seite 98

DAS RADIO
Seite 104

DAS SMARTPHONE
Seite 108

3-SEKUNDEN-BIOGRAFIEN

PAUL GOTTLIEB NIPKOW
1860–1940
Deutscher Ingenieur, der 1884 das Patent des »mechanischen Fernsehers« mit Spirallochscheiben anmeldete, aber nie selbst ein Gerät entwickelte.

JOHN LOGIE BAIRD
1888–1946
Schottischer Erfinder, der den ersten funktionierenden Fernseher sowie die erste Farbfernsehröhre vorstellte und dem 1928 die erste Transatlantikübertragung gelang.

30-SEKUNDEN-TEXT
Diana Rawlinson

Der Fernseher ist wohl die populärste Erfindung des 20. Jahrhunderts, die allen Gesellschaftsschichten ein Fenster zur Welt öffnet.

DAS SMARTPHONE

30 Sekunden Innovation

Das erste Gerät, das die Funktionen eines Mobiltelefons mit einem persönlichen digitalen Assistenten kombinierte, wurde 1992 von IBM entwickelt und zwei Jahre später von BellSouth vermarktet. Mit Simon, so sein Name, konnte man E-Mails und Faxe senden und empfangen sowie Notizen machen, Adressen abspeichern und Termine verwalten. Das Nokia 9000, das 1996 auf den Markt kam, verfügte über einen Sensorbildschirm mit Stift; man konnte damit, anders als beim Simon, im Internet surfen. Mit Penelope, dem Modell Ericsson G. S. 88, wurde 1997 der Begriff Smartphone offiziell. Aber es gab viele Hindernisse, bis dem Smartphone der Marktdurchbruch gelang: die beschränkte Anzahl der Anwendungen, der für die Finger unangenehme starke Druck auf den Bildschirm, der erforderlich war, und die »abgeschnittene« Darstellung der Webseiten. 2007 ging Apple mit dem iPhone neue Wege: Die kapazitive Anzeigetechnologie brachte einen echten Touchscreen hervor, und der integrierte iOS WebKit Browser (bald adaptiert von Android OS) ermöglichte das Surfen im Web in Farbe. In der Folge wurden unzählige Apps entwickelt, und das Smartphone wurde vom Business-Tool zum Alltagsbegleiter.

3-SEKUNDEN-FOKUS

Das Smartphone ist schnell zu einem unverzichtbaren Bestandteil unseres digitalen gesellschaftlichen Lebens geworden, aber wir haben heute weniger Zeit für den persönlichen Umgang.

3-MINUTEN-ÜBERBLICK

Smartphones sind allgegenwärtig, dank ihnen können wir unser Leben ordnen und überall online sein. Diese Annehmlichkeiten möchten wir nicht mehr missen, aber die ständige Erreichbarkeit hat auch ihre Kehrseite: Wir sind ständig bei der Arbeit. Kritiker sprechen von Übernutzung, die zu Abhängigkeit, schlechter Körperhaltung und Angstgefühlen führen kann. Zu den negativen Seiten des Onlinelebens gehören ferner neuartige Phänomene wie das Trollen oder Cyber-Mobbing.

VERWANDTE THEMEN

DER COMPUTER
Seite 98

DER FERNSEHER
Seite 106

3-SEKUNDEN-BIOGRAFIE

THEODORE GEORGE »TED« PARASKEVAKOS

*1937

Griechisch-amerikanischer Erfinder und Elektroingenieur, Wegbereiter der Übermittlung elektronischer Daten über Telefonleitungen. Er ließ die Kombination von Datenverarbeitung und optischer Anzeige auf Telefonen 1973 patentieren.

30-SEKUNDEN-TEXT

Diana Rawlinson

Das Smartphone ist ein Desktop-Computer für die Tasche – sofern man im Netz ist. Das daraus entstehende Potenzial wird bis heute nicht in vollem Umfang genutzt.

1
2
3
4
5
6
7
8
9
*
0
#
Send
Redial
911
Clear
Last 10
Phone
Pager
Phone
Power
Quick
Dial

WIRTSCHAFT & ENERGIE

WIRTSCHAFT & ENERGIE
GLOSSAR

Amerikanische Revolution 1765–1783 befreiten sich die amerikanischen Kolonien von der britischen Herrschaft und gründeten die Vereinigten Staaten. Einer der Konflikte zwischen Kolonisten und britischem Parlament bestand in der Nutzung von Papiergeld, dem der Gründervater Benjamin Franklin den Weg bereitete.

Beulenpest Häufigste Form der Pest im Mittelalter, wahrscheinlich durch Flöhe auf Hausratten übertragen; 1346–1353 fiel ihr ein Drittel der Bevölkerung Europas zum Opfer.

Bitcoin Neue elektronische, von Zentralbanken unabhängige Währung. Die Einträge über Transaktionen sind dezentral verteilt. Sie soll von einem bis heute unbekannten Digitalpionier ins Leben gerufen worden sein, der sich Satoshi Nakamoto nennt. Die Ausgabe der ersten Bitcoins erfolgte 2008; sie werden nach und nach als Gegenleistung für die Bereitstellung von Rechenleistung erzeugt, wobei die Währung kryptografisch verifiziert wird. Mitte September 2017 hatte der Bitcoin einen Wert von etwa 3200 Euro.

Blockchain Der Grundgedanke hinter Bitcoin und ähnlichem Kryptogeld: Die Einträge und Internetprotokolle werden im System verteilt und können nicht von Benutzern abgefangen werden.

Chicago Pile-1 Der weltweit erste funktionstüchtige Kernreaktor, 1942 an der University of Chicago als Teil des Manhattan-Projekts zum Bau der Atombombe eingeweiht.

Differenzmaschine Der Name stammt vom Computer-Pionier Charles Babbage. Das Gerät, seine erste Studie, sollte von einer Kurbelwelle angetrieben werden. Bald darauf folgte seine *Analytical Engine*, die ebenfalls über einen Entwurf nicht hinaus kam. Erst kürzlich wurde die Differenzmaschine gebaut; sie kann im Londoner Science Museum besichtigt werden.

Digicash Erstes digitales Geldsystem, entwickelt von David Chaum und 1990 gestartet. Später wurden auf dessen Grundlage sichere Wahlsysteme entwickelt.

Dreißigjähriger Krieg Krieg zwischen katholischen und protestantischen Staaten in Mittel- und Nordeuropa, der von 1618 bis 1648 dauerte und rund acht Millionen Opfer forderte.

Fossile Brennstoffe Aus dem Boden gewonnene kohlenstoffbasierte Rohstoffe, deren Verbrennung für den Klimawandel verantwortlich gemacht wird.

Französische Revolution Aufstand gegen die Aristokratie in Frankreich, der 1789 ausbrach.

Halbleiter Wesentlicher Bestandteil der meisten elektrischen Schaltkreise, dessen Leitfähigkeit geringer als die eines leitenden Metalls, aber höher als die eines Isolators ist.

IBM In der Datenverarbeitung führendes Unternehmen, das die PC-Revolution verpasste.

Nuklearkatastrophe von Fukushima Schmelze dreier Reaktorkerne im japanischen Kernkraftwerk Fukushima nach einem Erdbeben und Tsunami im Jahr 2011. Es waren keine unmittelbar mit der Katastrophe zusammenhängenden Opfer zu beklagen, aber das Kraftwerk kann aufgrund der Strahlung für bis zu 40 Jahre nicht betreten werden, um es stillzulegen.

Rechenschieber Wurde seit dem 17. Jahrhundert für Multiplikation, Division und komplexere Rechenarten benutzt.

SOS »Save Our Souls« (Rettet unsere Seelen) – das Notsignal im Morsecode, erstmals 1912 benutzt.

Tang-Dynastie Chinesische Dynastie des 7.–10. Jahrhunderts n. Chr., die als Höhepunkt der chinesischen Zivilisation angesehen wird.

Tauschkreis Geldsystem für den Tauschhandel, bei dem die Teilnehmenden Tauschgeschäfte machen können.

Tschernobyl-Katastrophe Ein Feuer im Atomkraftwerk Tschernobyl in der Ukraine führte 1986 zur Evakuierung von ca. 350 000 Menschen; eine radioaktive Wolke verbreitete sich über Nordeuropa.

Zählbrett Frühe Form des Abakus, bei dem mit Steinen oder Zählern aus Holz auf einem Brett gezählt wurde.

Zählschnüre Mit dem Abakus verwandte Zählsysteme, die von den alten Zivilisationen Zentralamerikas, u. a. von den Azteken, verwendet wurden. Die Inkas nannten sie *Quipu*.

DER ABAKUS

30 Sekunden Innovation

Fast jede alte Kultur seit den alten Babyloniern, deren Zählsystem auf der Zahl 60 (Sexagesimalsystem) beruhte, benutzten einen Abakus oder Ähnliches für mathematische Berechnungen. Aus der Zeit des Altbabylonischen Reiches (19.–16. Jahrhundert v. Chr.) wurden keine Abakusse oder Zählbretter gefunden, da sie vermutlich aus Holz bestanden. Dagegen finden sie sich auf bildlichen Darstellungen. Auch die alten Ägypter, Griechen und Römer benutzten so etwas wie einen Abakus: Perlen wurden zur Addition oder Subtraktion über ein Brett bewegt. Die Azteken in Mittelamerika benutzten eine ähnliche Vorrichtung mit Knochen an einer Schnur, um das Rechnen mit ihrem Zwanziger-Zahlensystem zu erleichtern. Vermutlich ist der römische Abakus eine Kopie des chinesischen, worauf nicht nur die Ähnlichkeit der Rechenmaschinen, sondern auch die Handelsbeziehungen zwischen beiden Ländern hindeuten. Mit den römischen Zahlen ließ sich nur schwer rechnen, sodass der Abakus in Europa in Vergessenheit geriet. Der Mathematiker Gerbert von Aurillac, der spätere Papst Sylvester II., führte ihn in Westeuropa wieder ein, nachdem er von arabischen Gelehrten in Cordoba und Sevilla von den arabischen Zahlen erfahren hatte – ließ jedoch die Null außen vor. Der Abakus blieb bis zum Zeitalter des Rechenschiebers und des Taschenrechners in Gebrauch.

3-SEKUNDEN-FOKUS
Die meist zehn Finger des Menschen erweisen sich als nützlich zum Zählen, aber beim Rechnen mit größeren Zahlen ohne Ziffern ist ein Abakus von großem Nutzen.

3-MINUTEN-ÜBERBLICK
Glauben Sie ja nicht, dass man mit dem Abakus unbedingt langsam rechnet. 1945, während der US-Besetzung Japans, waren offizielle amerikanische Vertreter fasziniert von der Geschwindigkeit, mit der die Menschen dort den Abakus benutzten. Deshalb veranstalteten sie ein Experiment, bei dem die amerikanischen Benutzer elektronischer Taschenrechner von den Ortsansässigen geschlagen wurden, die alle mathematischen Operationen mit Ausnahme der Division mit dem Abakus durchführten.

VERWANDTES THEMA
PAPIERGELD
Seite 116

3-SEKUNDEN-BIOGRAFIEN
GERBERT VON AURILLAC (PAPST SYLVESTER II.)
946–1003
Französischer Mathematiker, der die arabischen Zahlen und den Abakus nach Europa brachte.

TERENCE V. (»TIM«) CRANMER
1925–2001
Amerikanischer Gründer des International Braille Research Center und Erfinder des Cranmer-Abakus, der bis heute von Blinden genutzt wird.

30-SEKUNDEN-TEXT
David Boyle

Schnell und effektiv: Der Abakus zog die Einführung der arabischen Ziffern in Europa nach sich.

法之首位
實之末位
實之首位
鳥居清廣筆

PAPIERGELD

30 Sekunden Innovation

3-SEKUNDEN-FOKUS
Papier- oder Plastikgeld entkoppelt Zahlungsmittel von ihrem Eigenwert und macht ihre Produktion kostengünstig.

3-MINUTEN-ÜBERBLICK
Papiergeld trennt Geld und Gold voneinander. Dies wird meist positiv bewertet, doch der Ökonom John Maynard Keynes bezeichnete es auch als »Massenvernichtungswaffe«. Das Papiergeld wurde für die Amerikanische und die Französische Revolution verantwortlich gemacht. Das wirtschaftliche Auf und Ab, das der Ausgabe von Banknoten durch den schottischen Ökonomen John Law im Frankreich des frühen 18. Jahrhunderts folgte, brachte die französische Aristokratie komplett aus den Fugen.

Stellen Sie sich vor, Sie hätten wie Ihre Vorfahren gelebt und Geld stets als Gegenstand mit eigenem Wert betrachtet; plötzlich drückt Ihnen jemand ein Stück Papier in die Hand, das Geld sein soll. So geschehen dem venezianischen Entdecker Marco Polo, als er in den 1260er- Jahren den Hof von Kublai Khan erreichte. Als erster Europäer wurde er mit Papiergeld konfrontiert und musste mit Erstaunen feststellen, dass er es nicht ablehnen konnte, denn der Großkhan bestand auf der Entgegennahme. Niemand weiß genau, wer das Papiergeld erfunden hat, doch es entwickelte sich anscheinend aus Empfangsquittungen und Schuldscheinen und wurde erstmals in der chinesischen Tang-Dynastie im 7. Jahrhundert verwendet. Damals mangelte es an Kupfer für die Münzen, an denen die chinesischen Händler zudem schwer trugen. In Europa tauchten erste Geldscheine 1661 in Stockholm auf, als Versicherung, in Gold oder Silber zu zahlen. Das Entkoppeln des Geldes von seinem Eigenwert barg jedoch ein großes Risiko: Inflation und Deflation konnten erschreckende Ausmaße annehmen. Tatsächlich wurde der niederländische Händler Johan Palmstruch, der die ersten Geldscheine in Schweden einführte, wegen unverantwortlicher Buchführung zum Tode verurteilt und starb im Gefängnis.

VERWANDTE THEMEN
E-GELD
Seite 128

DIE KREDITKARTE
Seite 130

3-SEKUNDEN-BIOGRAFIEN
KUBLAI KHAN
1215–1294
Mongolischer Herrscher und einer der Ersten, der Papiergeld herstellen ließ.

JOHN LAW
1671–1729
Schottischer Spekulant und Wegbereiter des Papiergeldes, der Frankreich mit seinen Experimenten beinahe in den Ruin getrieben hätte.

BENJAMIN FRANKLIN
1706–1790
Amerikanischer Gründervater, der sich im misstrauischen britischen Unterhaus für das Papiergeld einsetzte.

30-SEKUNDEN-TEXT
David Boyle

China kannte das Papiergeld bereits seit fünf Jahrhunderten, bevor Europa nachzog.

500.000
27966
Marco Polo's Itineraries,
No IV.
&chief part of Book II.
Names not used by Polo are between hooks.
WE ARE ONE
1000
Assignat
de dix sous
LA LOI PUNIT DE MORT
Mark
5000

KERNENERGIE

30 Sekunden Innovation

US-Präsident Dwight Eisenhower benutzte in einer Rede den Ausspruch »Atome für den Frieden«, um Kernwaffen in ein besseres Licht zu rücken. Es war eine Reaktion auf die Hektik, mit der die Nukleartechnologie im Zweiten Weltkrieg weiterentwickelt worden war, um Nazideutschland zu besiegen. Der Physiker Ernest Rutherford beschoss 1917 Lithiumatome mit Protonen und fand heraus, dass dabei große Energiemengen freigesetzt werden. Die für die Kernspaltung entscheidenden Experimente machten 1938 in Deutschland Otto Hahn und Fritz Strassmann zusammen mit der österreichischen Physikerin Lise Meitner und ihrem Neffen Otto Frisch. Doch schon im folgenden Jahr brach der Zweite Weltkrieg aus, und viele der weltbesten Physiker flohen nach Großbritannien oder in die USA. Der erste funktionstüchtige Versuchsreaktor wurde 1942 in Betrieb genommen und trug den Namen Chicago Pile-1. Er war Teil des Manhattan-Projekts zum Bau einer Atombombe. Als erster Kernreaktor erzeugte der kleine *Experimental Breeder Reactor* (ein Brutreaktor) in Idaho 1951 elektrischen Strom. Seit jener Zeit sorgen vor allem die enormen Kosten und Risiken dafür, dass die Kernenergie die in sie gesetzten Erwartungen nur schwer erfüllen kann.

3-SEKUNDEN-FOKUS
Die bei der Spaltung von Atomkernen frei werdende Energie kann zum Wohl der Menschen genutzt werden, doch war nicht selten mit Problemen verbunden.

3-MINUTEN-ÜBERBLICK
Zwei nukleare Unfälle haben Zweifel an der Nutzung der zivilen Kernenergie aufkommen lassen: 1986 im ukrainischen Tschernobyl, wo man die Sicherheitssysteme abschaltete, und 2011 im japanischen Fukushima als Folge eines Erdbebens mit anschließendem Tsunami. In beiden Fällen kamen verhältnismäßig wenige Menschen unmittelbar zu Tode, aber das umliegende Land kann für mindestens zwei Generationen nicht bewirtschaftet werden, und die Kosten für die Beseitigung der Folgen und Sicherheitsmaßnahmen in anderen Kraftwerken sind unabsehbar.

VERWANDTES THEMA
DIE WINDKRAFTANLAGE
Seite 124

3-SEKUNDEN-BIOGRAFIEN

ERNEST RUTHERFORD
1871–1937
Aus Neuseeland stammender Physiker, dessen Arbeit zur ersten Atomspaltung führte.

OTTO HAHN
1879–1968
Deutscher Wegbereiter der Kernphysik, der an Selbstmord dachte, als er vom Abwurf von Atombomben auf Hiroshima und Nagasaki hörte.

FRITZ STRASSMANN
1902–1980
Deutscher Chemiker, der Otto Hahn bei der Entdeckung der Kernspaltung half.

30-SEKUNDEN-TEXT
David Boyle

Einst als »saubere Energie« gepriesen, steht die Kernenergie mit ihren Unfällen und nicht kalkulierbaren Kosten heute für eine unsichere Zukunft.

1883
Bau einer Solarzelle aus Gold und Selen, deren Wirkungsgrad bei etwa win Prozent liegt, durch den amerikanischen Erfinder Charles Fritts

31. Januar 1898
Geburt von Russell Ohl in der Nähe von Allentown, Pennsylvania

23. Februar 1940
Untersucht einen Siliziumkristall mit einem Sprung darin und macht dabei seine überraschende Entdeckung

1946
Patent für Solarzellen

23. Januar 1948
Entdeckung eines Transistors auf Grundlage von Ohls p-n-Übergang

25 April 1954
Bekanntgabe der Erfindung der ersten brauchbaren Silizium-Solarzelle durch Bell Laboratories

14. Mai 1973
Start der mit Solarmodulen versorgten Raumstation Skylab

20. März 1987
Tod in Kalifornien

2008
Neuer Rekord beim Wirkungsgrad von Solarzellen, als am National Renewable Energy Laboratory in den USA eine Zellengeneration erzeugt wird, die mit einem Wirkungsgrad von mehr als 40 Prozent Energie erzeugt

RUSSELL OHL

In seinem ersten Studienjahr hörte Russell Ohl seine erste Funknachricht – das SOS-Signal eines Schiffs auf dem Atlantik, das im Ersten Weltkrieg von einem U-Boot angegriffen wurde. Im jungen Alter von 16 Jahren hatte er sich an der Pennsylvania State University für das anspruchsvolle Studium der elektrochemischen Ingenieurwissenschaften eingeschrieben – am Ende des ersten Studienjahres blieben von seinem Jahrgang nur noch drei Studenten übrig. Die erwähnte Funkübertragung beflügelte seine Fantasie, und er beschloss, sich ganz der Funktechnik zu widmen.

Seine Begeisterung für die Funktechnik ließ Ohl über eine Eigenschaft von Silizium stolpern, die später zur Erfindung von Transistoren und unmittelbar nach seiner Entdeckung zu der von Solarzellen führten – die Erzeugung von Elektrizität durch Sonnenlicht.

Ohl arbeitete erst bei der Fernmeldetruppe der US-Armee, später im Labor bei Westinghouse und AT&T, bevor er schließlich zum Team der Bell Laboratories in New Jersey stieß. Seine Karriere verlief wenig erfreulich. Begeistert von den Fähigkeiten der Halbleiter, elektrische Ströme zu steuern, wollte er sich vor allem der Forschung auf diesem Gebiet widmen, wurde aber immer wieder zu Aufträgen mit höherer Dringlichkeit bei der Air Force oder und anderen Militäreinheiten abkommandiert.

»Diese Arbeit an Halbleitern hatte sehr viele Feinde«, sagte er später. »Sie können sich gar nicht vorstellen, wie viele sich dagegen stellten. Verfechter der Vakuumröhre sagten, damit lasse sich nichts anfangen, das alles sei völliger Quatsch, und Ähnliches.«

Ein Problem der vorhandenen Funkempfänger bestand darin, dass sie bei hohen Frequenzen nicht gut funktionierten. So begann Ohl mit Halbleitermaterialien wie Silizium zu experimentieren.

Als Ohl 1940 eine Siliziumprobe mit einem Spalt in der Mitte untersuchte, stellte er zu seiner Überraschung fest, dass zwischen den beiden Seiten des Spalts Strom floss, wenn man das Material dem Licht aussetzte. Aufgrund eines eigenartigen Fehlers schienen die Siliziumatome auf einer Seite über mehr Elektronen zu verfügen als die auf der anderen Seite. Die Lücke wurde als »p-n-Übergang« (positiv-negativ) bekannt. Er hatte ein einfaches Gerät gebaut, das Sonnenlicht in Elektrizität umwandelte.

Zwar existierten bereits Solarzellen mit Selen, aber Ohls Zelle erwies sich als wesentlich effizienter. Etliche Prognosen halten die Solarzellen für den Motor der nächsten Weltwirtschaftsrevolution.

David Boyle

DER TASCHENRECHNER

30 Sekunden Innovation

3-SEKUNDEN-FOKUS
Abakus, Rechenschieber, Rechenmaschine – ein langer Weg bis zum Taschenrechner, der schließlich seinerseits vom Computer verdrängt wurde.

3-MINUTEN-ÜBERBLICK
1972 stellte Clive Sinclair seinen *Sinclair Executive* vor – den ersten Rechner, der in eine Tasche passte. Im Handel wurde er für stattliche 80 Pfund feilgeboten. Am Ende des Jahrzehnts kosteten ähnliche Maschinen nur noch 5 Pfund, und die Taschenrechnerproduzenten standen kurz davor, von den aufkommenden Personalcomputern weggefegt zu werden.

Elektronische Taschenrechner waren in den 1970ern ein Must-have für jede Führungskraft. Die Erfindung veränderte den Alltag und erleichterte schnelle Berechnungen. Der Fortschritt vom Abakus, dem manuellen »Zählbrett« mit Perlen auf Stäben, zum mechanischen Rechner nahm 2000 Jahre in Anspruch. Wilhelm Schickard erfand 1623 die »Rechenuhr«, ein mechanisches Gerät zur Addition/Subtraktion, das durch eine Reihe von Zahnrädern gesteuert wurde. Ein 1642 vom Philosophen Blaise Pascal entwickeltes Gerät verwendete ebenfalls Zahnräder und konnte zwei Zahlen addieren und subtrahieren sowie durch Wiederholung multiplizieren und dividieren. Ein Jahrhundert später konzipierte Charles Babbage seine »Differenzmaschine«, einen Vorgänger des Computers. Mechanische Rechner wie die erste kommerziell erfolgreiche Zählmaschine, das Arithmometer (bis 1915 hergestellt) und das in den USA patentierte Comptometer mit Drucktasten dominierten bis in die 1960er das Büroleben. Doch in weniger als einem Jahrzehnt veränderte sich alles: Eine wuchtige, schwere, mit Netzspannung betriebene Maschine auf dem Schreibtisch, die mehr als das Auto einer Familie kostete, schrumpfte zu einem günstigen und kompakten, batteriebetriebenen Gerät, das in die Jackentasche passt.

VERWANDTE THEMEN

DER COMPUTER
Seite 98

DER ABAKUS
Seite 116

3-SEKUNDEN-BIOGRAFIEN

WILHELM SCHICKARD
1592–1635
Deutscher Hebraist und Astronom, dem die Entwicklung der ersten Rechenmaschine zugeschrieben wird.

BLAISE PASCAL
1623–1662
Französischer Philosoph, der die erste funktionierende Rechenmaschine entwickelte.

CLIVE SINCLAIR
*1940
Britischer Erfinder des ersten Taschenrechners.

30-SEKUNDEN-TEXT
David Boyle

Der Taschenrechner entwickelte sich in über 4000 Jahren aus dem Abakus, hat aber an Bedeutung verloren.

C CE K
7 8 9 ÷
4 5 6 ×
1 2 3 −
· 0 = +
Dynamo

DIE WINDKRAFTANLAGE

30 Sekunden Innovation

3-SEKUNDEN-FOKUS
An Orten mit genügend Wind ist die Nutzung einer Technologie sinnvoll, die Energie daraus gewinnt.

3-MINUTEN-ÜBERBLICK
Die Windkraft allein stellt die Energieversorgung nicht sicher, denn der Wind weht oft unbeständig, mancherorts auch zu heftig, sodass die Windräder umstürzen, und manchmal weht gar kein Wind. Daher kann die Windkraft zwar die energetische Unabhängigkeit von Gemeinden und Staaten erhöhen, muss aber durch andere Energiequellen ergänzt werden.

Windmühlen waren im 12. Jahrhundert in Europa wegweisend, weil sie die Windkraft nutzbar machten, um Mehl herzustellen und kleinere Maschinen anzutreiben. Energie konnte damit natürlich erst seit Beginn der praktischen Nutzung der Elektrizität erzeugt werden. Angesichts der starken Winde in ihrem Land dürfte kaum überraschen, dass die Schotten dabei an vorderster Front standen. Der Lehrer James Blyth installierte 1887 die erste Windturbine, um sein Landhaus in einem schottischen Dorf mit Strom zu versorgen. Windräder aus Stahl waren in den 1930ern an abgelegenen Orten ein vertrauter Anblick. In Jalta (1930er), Vermont (1940er) und auf den Orkney-Inseln (1950er) spielte man auch mit dem Gedanken, Windenergie ins Netz einzuspeisen. Aber fossile Brennstoffe dominierten, bis die Nachfrage nach erneuerbarer Energie der Windkraft ab den 1970er-Jahren neuen Schwung verlieh. Die meisten modernen kommerziellen Windkraftanlagen basieren auf einem dänischen Modell: Drei horizontale Rotoren, die sich in die für die Energiegewinnung jeweils günstigste Lage schwenken lassen, drehen sich im Wind. Die kinetische Energie der Antriebswelle (an der die Rotoren befestigt sind) wird auf einen Generator im Hauptkörper der Turbine übertragen, der sie in Elektroenergie umwandelt.

VERWANDTES THEMA
KERNENERGIE
Seite 118

3-SEKUNDEN-BIOGRAFIEN

JAMES BLYTH
1839–1906
Schottischer Mathematiklehrer, der als Erster Energie aus Wind erzeugte.

PALMER COSSLETT PUTNAM
1900–1984
US-Geologe, der 1941 im US-Bundesstaat Vermont die erste Windturbine im Megawattbereich baute, die für 1000 Stunden Strom lieferte.

30-SEKUNDEN-TEXT
David Boyle

Offshore-Windparks auf schwimmenden Inseln nutzen die stärkeren Winde vor der Küste und stoßen auf weniger Widerstand als Windräder auf dem Festland.

JAPAN SEA
YELLOW SEA
Nankin
CHINA
Formosa
Luzon
Sulu Sea
Sea of Celebes
Mindanao
Keeling I.s
Good Hope
To India
Australia_ Composite Track Maximum Lat. 45° S.
Marion
Pr. Edward I.s

DER BARCODE

30 Sekunden Innovation

3-SEKUNDEN-FOKUS
Der Barcode, ein einfaches Muster aus schwarzen Linien unterschiedlicher Stärke, das sich elektronisch scannen lässt, ermöglicht die schnelle Identifikation eines Artikels.

3-MINUTEN-ÜBERBLICK
Woodland und Silver arbeiteten nicht allein an der Umsetzung dieser Idee. Unabhängig von ihnen suchte man bei Pennsylvania Railroad nach einer Lösung, wie man Waggons oder Lkws direkt identifizieren könnte. David Collins entwickelte ein System blauer und roter Lichter namens KarTrak. Seine Erfindung setzte sich zwar nicht durch, fand jedoch für eine Mautstrecke in New Jersey Verwendung, um herauszufinden, wer die Gebühren schon bezahlt hatte.

Die Unterhaltung eines Supermarktleiters und eines Dozenten des Drexel Institute of Technology in Philadelphia ließ 1948 beim Studenten Bernard Silver die Idee zu Barcodes aufkommen. Wie kann man ein Produkt automatisch identifizieren? Gemeinsam mit seinem Studienkollegen Norman Joseph Woodland suchte er nach einer Antwort. Bei ihrem ersten Versuch benutzten sie ultraviolette Tinte, die sich als zu teuer erwies. Als die beiden Freunde ihr Barcode-System 1952 patentierten, versuchte Woodland IBM dafür zu gewinnen. Zehn Jahre später verkauften sie ihre Rechte für nur 15 000 US-Dollar. Erst als der amerikanische Elektronikgigant RCA das Patent erwarb und ein ähnliches System zu entwickeln begann, trat auch IBM auf den Plan. Als erster Lebensmittelartikel wurde 1974 eine Packung Kaugummi in Troy im US-Bundesstaat Ohio gescannt. Die Packung und der Kassenbon sind heute in der Smithsonian Institution in Washington zu sehen. Die auf Büchern, Autos, Briefen, Verpackungen, Reisepässen und vielem anderem allgegenwärtigen Barcodes sind zu einem zentralen Bestandteil des modernen Lebens geworden. Keiner der Erfinder hat später noch Geld dafür erhalten. Silver starb 1963 an Leukämie, und Woodland musste mitansehen, wie sich ihre Erfindung auf der ganzen Welt verbreitete.

VERWANDTES THEMA
DER COMPUTER
Seite 126

3-SEKUNDEN-BIOGRAFIEN
NORMAN JOSEPH WOODLAND
1921–2012
Amerikanischer Dozent für Maschinenbau, der die Barcodes erfand, indem er mehrere Linien in den Sand zeichnete.

BERNARD SILVER
1924–1963
Amerikanischer Elektroingenieur und Urheber der Idee von Strichcodes.

30-SEKUNDEN-TEXT
David Boyle

Der einfache Barcode hilft uns, stets den Überblick zu behalten, ob bei Fahrkarten, dem Einkauf oder vielem anderen.

1
2
3
4
5
6
7
8
9
10
START
YO
ESC
CTRL
BKSP
SPACE
SHIFT
FUNC

E-GELD

30 Sekunden Innovation

3-SEKUNDEN-FOKUS
Bargeld wiegt nicht selten schwer in der Tasche, das Zählen bereitet Mühe und seine Sicherheit ist teuer; Punkte auf dem Bildschirm sind einfacher im Umgang.

3-MINUTEN-ÜBERBLICK
Elektronisches Geld ermöglicht den Austausch kleiner Beträge mit einem Klick. Zu seinen Wegbereitern gehören Michael Linton in Kanada mit seinen lokalen Tausch- und Handelssystemen (1983) und der mysteriöse Satoshi Nakamoto, der 2008 Bitcoin startete. Dabei setzte er die sogenannte »Blockchain«-Technologie ein, bei der das Konto bei jeder Transaktion verschlüsselt wird.

Als Banken lange vor dem Einzug der Informationstechnologie damit begannen, in Form von Darlehen mit einem Federstrich in einer Bilanz Geld zu »schaffen«, legten sie damit den Grundstein für den heutigen virtuellen Geldverkehr. Aber damals hatte Bargeld noch immer eine greifbare Form: Münze oder Geldschein. Einem Kryptologen aus Los Angeles namens David Chaum wird die Erfindung des ersten digitalen Geldes zugeschrieben, das er 1981 entwickelte und später unter dem Namen DigiCash auf den Markt brachte. Um es zu schützen und damit es nicht zurückzuverfolgen war, verfügte es über eine eingebaute Kodierung. Als DigiCash 1998 seine Tätigkeit einstellte, benutzte Chaum sein Verfahren für Wahlsysteme, wo ähnliche Probleme des Schutzes der persönlichen Identität gelöst werden mussten. Zwei innovative Mitarbeiter der National Westminster Bank in London waren Chaum dicht auf den Fersen: Tim Jones und Graham Higgins. Sie erfanden u. a. die erste elektronische Geldbörse und das digitale Geld namens Mondex. Mondex wurde an Mastercard verkauft, aber es verbreitete sich langsamer als erwartet. Wie die Pioniere des E-Geldes es formulierten: Es gab Bedarf für ihre Erfindungen, aber kaum Nachfrage.

VERWANDTE THEMEN
PAPIERGELD
Seite 116

DIE KREDITKARTE
Seite 130

3-SEKUNDEN-BIOGRAFIE
DAVID CHAUM
1955–
Amerikanischer Kryptologe und Mathematiker, der das erste digitale Geld namens DigiCash erfand.

30-SEKUNDEN-TEXT
David Boyle

Das mag schwammig klingen, aber E-Geld muss genauso sicher sein wie ein Banktresor.

BITCOIN DIGITAL DECEN
TRALIZED·PEER TO PEER

DIE KREDITKARTE

30 Sekunden Innovation

Alles begann mit einem verlorenen Scheckbuch. Der Finanzexperte Frank McNamara aß mit seinem Freund Alfred Bloomingdale im Restaurant Major's Cabin Grill in der Nähe des Empire State Building in New York zu Mittag, als sie feststellten, dass keiner von ihnen genug Bargeld zum Bezahlen der Rechnung bei sich hatte. McNamara musste seine Frau anrufen und sie bitten, etwas Geld vorbeizubringen. Ihre missliche Lage zog Revolutionäres nach sich: Die beiden Männer verbrachten den Rest der Mahlzeit damit, eine Idee zu entwickeln, um solche Unannehmlichkeiten in Zukunft zu vermeiden. Im folgenden Jahr, 1950, rief McNamara mit Diners' Club die erste Kreditkarte ins Leben. Der Durchbruch gelang aber erst acht Jahre später, als Joe William von der Bank of America den »Fresno Drop« organisierte, bei dem 60 000 Kreditkarten ungefragt an Einwohner von Fresno, Kalifornien, verschickt wurden. Das war nicht nur der Einzug der Kreditkarten auf dem Massenmarkt – es war zugleich der Startschuss für Kleinkredite an breite amerikanische Bevölkerungskreise, die den Konsum ankurbelten. Diners' Club war ein unmittelbarer Erfolg. McNamara verkaufte seinen Anteil einige Jahre später; sein Unternehmen soll viel Geld am Immobilienmarkt verloren haben.

3-SEKUNDEN-FOKUS

Ein Kredit macht Geld flexibel. Was einst den Reichen vorbehalten war, wurde durch Kreditkarten für die Allgemeinheit erschwinglich.

3-MINUTEN-ÜBERBLICK

Frank McNamara stellte zwar die erste Kreditkarte her, aber die Idee ist viel älter und entstammt einem Roman des amerikanischen Science-Fiction-Autors Edward Bellamy (1888) mit dem Titel *Ein Rückblick aus dem Jahre 2000 auf das Jahr 1887*. Darin erhält jeder eine Geldkarte, auf die das staatliche Monatsgeld überwiesen wird. Das Buch war stark umstritten, und der britische Künstler William Morris verfasste entsetzt eine eigene Version (*Kunde von Nirgendwo*) ohne Kreditkarten.

VERWANDTES THEMA

E-GELD

Seite 128

3-SEKUNDEN-BIOGRAFIEN

EDWARD BELLAMY

1850–1898

Amerikanischer Schriftsteller, der in einem Roman über das Jahr 2000 als Erster Kreditkarten erwähnte.

FRANK MCNAMARA

1917–1957

Amerikanischer Finanzmann, der den Diners' Club und das Konzept der Kreditkarte ins Leben rief.

30-SEKUNDEN-TEXT

David Boyle

Die Idee für die Kreditkarte kam in einem Restaurant auf; heute benutzt sie fast die gesamte moderne Welt.

OK
SARATOGA AVE
1234 5678 0000 0000
12/00

ALLTAG

Amphoren Große Gefäße, meist aus Ton, die der Lagerung und dem Transport von Getränken und Lebensmitteln dienten, oft von Wein und Olivenöl. Seit dem Neolithikum genutzt, besaßen sie einen luftdichten Verschluss zur Konservierung. Sie liefen häufig nach unten spitz zu, um auf weichem Untergrund abgestellt oder auf Handelsschiffen in mehreren Lagen gelagert werden zu können.

Bitumen Klebrige, schwarze, viskose Masse, die natürlich als Gemisch von Kohlenwasserstoffen vorkommt und künstlich als Nebenprodukt der Raffination von Benzin anfällt.

Bogenlampen Extrem helle Lichtquelle, erstmals im frühen 19. Jahrhundert erzeugt, bei der elektrischer Strom zwischen zwei Kohlenstoffelektroden durch die Luft geleitet wird. Bis zum Aufkommen von Glühlampen großflächig zur Beleuchtung von Straßen und Fabrikgebäuden und für längere Zeit für die Filmvorführung im Kino genutzt.

Camera obscura Ein Gerät, mit dem ein äußeres Bild in einen geschlossenen, verdunkelten Raum projiziert wird. Eine Camera obscura kann die Größe eines Raumes oder einer Kiste haben – sie funktioniert dadurch, dass Licht durch ein kleines Loch fällt, wobei das Bild umgekehrt abgebildet wird.

Enzyme Biologische Katalysatoren, die chemische Reaktionen beschleunigen. Ihre beste Wirkung erreichen sie bei einer bestimmten Temperatur bzw. in einer Umgebung mit einem bestimmten pH-Wert (Säuregehalt). Sie sind für die Atmung wichtig.

Kinematograf Ein frühes Multifunktionsgerät: Filmkamera, Kopiergerät und Projektor. Erster Mechanismus, mit dessen Hilfe sich mehrere Zuschauer zugleich bewegte Bilder ansehen und eine richtige Kinoatmosphäre genießen konnten.

Kinetograf Erste kommerzielle Filmkamera. Den Mechanismus, der gleichmäßige Bewegung mit der Belichtung eines Fotofilms synchronisierte, erfand William Kennedy Dickson.

Kühlung durch Dampfkompression Kommt in Kühlschränken und Klimaanlagen zum Einsatz. Ein flüssiges Kältemittel in einem geschlossenen Kreislauf, in dem es verdampft, komprimiert wird und sich ausdehnt, nimmt Wärme aus dem Innenraum auf.

LED-Lampen Lampen, in denen Strom durch einen Halbleiter fließt, der daraufhin sichtbares Licht ausstrahlt. Grund dafür ist die Elektrolumineszenz, bei der phosphoreszierende

Stoffe in Reaktion auf schwachen elektrischen Strom Lichtteilchen aussenden. LED-Lampen produzieren das Licht deutlich effizienter als Leuchtstoff- oder Glühlampen.

Leuchtstofflampen Lampen, bei denen Strom durch Quecksilberdampf (eine giftige Substanz) geleitet wird; sie erzeugen kurzwelliges ultraviolettes Licht, das wiederum eine Phosphorbeschichtung im Innern der Lampe zum Glühen bringt, sie sind energieeffizienter als Glühlampen.

Nachbildwirkung Der Lichtreiz auf der Netzhaut wirkt nach seinem Ende kurze Zeit nach, und Bilder, die hinreichend schnell aufeinanderfolgen, verschmelzen.

Passivhäuser Wohnhäuser, die beim Bau und im Betrieb keine Netto-CO_2-Emissionen in die Atmosphäre abgeben. Die Materialien, aus denen sie bestehen, enthalten extrem wenig Kohlenstoff, und die Häuser selbst sind durch Nutzung passiver Solarenergie und anderer erneuerbarer Energiequellen sehr energieeffizient. Für eine tatsächliche CO_2-Neutralität bedürfte es wohl einer Methode zur Abscheidung und Speicherung von CO_2.

Phi-Phänomen Fähigkeit des Gehirns, eine Sequenz unbeweglicher Bilder zusammenzufügen und die Illusion kontinuierlicher Bewegung zu erzeugen. Die Informationslücken zwischen den Bildern werden ausgefüllt.

Volta'sche Säule Erste elektrische Batterie. Kupfer- und Zinkscheiben wurden übereinandergestapelt, getrennt durch in Salzlösung getränkte Stoffstücke. Letztere wirkten als Elektrolyt, als Substanz, die in einer Lösung Elektrizität leitet.

Zoetrop Ein sich drehender Zylinder mit gleichmäßig angeordneten engen Schlitzen, der an seiner Innenwand statische Bilder enthält. Diese erscheinen, wenn sich der Zylinder dreht, bei Betrachtung durch die Schlitze als bewegte Bilder.

DIE TOILETTE

30 Sekunden Innovation

Der Weltgesundheitsorganisation (WHO) zufolge haben etwa 2,4 Milliarden Menschen keinen Zugang zu Sanitäranlagen. Mehr als 940 Millionen davon verrichten ihr Geschäft im Freien – eine schockierende Statistik für uns, die wir Toiletten als selbstverständlich ansehen. Toiletten in Wohnhäusern mit Abflusssystem oder Klärgrube, sind fast 5000 Jahre alt. An die städtische Kanalisation angeschlossene Toiletten dienten im alten Rom als wichtige Treffpunkte. Die Toilettenspülung ist jedoch eine viel jüngere Erfindung. Die erste funktionstüchtige Version soll der englische Höfling Sir John Harington 1596 für seine Patentante Königin Elizabeth I. entwickelt haben. Der Spülmechanismus war dagegen als Teil eines Handwaschautomaten des muslimischen Universalgelehrten und Maschinenbauers Ismail al-Jazari, der seine Erfindung 1206 beschrieb, erfunden worden. Zur Zeit der industriellen Revolution kam auch die breite Bevölkerung in den Genuss von Toiletten mit Wasserspülung. 1775 meldete Alexander Cumming sein Patent für die wichtige S-Krümmung an. Ein anderer Erfinder und Zeitgenosse von Cumming, Joseph Bramah, verbesserte das Konzept, denn das Rohr fror bei kaltem Wetter schnell ein. Am bekanntesten ist jedoch der Mann, der im 19. Jahrhundert den Spülmechanismus verbesserte: Thomas Crapper.

3-SEKUNDEN-FOKUS
Zwei Drittel der Weltbevölkerung können ihr Abfallproblem runterspülen, doch die anderen sehen nur »besetzt«.

3-MINUTEN-ÜBERBLICK
Zu den durch die Vereinten Nationen formulierten Zielen einer nachhaltigen Entwicklung gehört auch, den »Zugang zu Wasser und Sanitäreinrichtungen zu gewährleisten«. Dies würde Investitionen in der Höhe von etwa 500 Milliarden US-Dollar erfordern – weniger, als die USA alljährlich für das Militär ausgeben. Einige Stiftungen wie die Bill & Melinda Gates Foundation investieren weltweit in Hightech-Lösungen zur Lösung des Toilettenproblems, die nachhaltigste Lösung kann aber auch in einer einfachen Komposttoilette bestehen.

VERWANDTES THEMA
ANTIBIOTIKA
Seite 76

3-SEKUNDEN-BIOGRAFIEN
ISMAIL AL-JAZARI
1136–1206
Türkischer Universalgelehrter, Erfinder des Handwaschautomaten.

JOHN HARINGTON
1561–1612
Englischer Höfling, Erfinder einer frühen Toilette mit Spülung.

30-SEKUNDEN-TEXT
Andrew Simms

1596 war Königin Elisabeth I. die erste Monarchin, die »auf dem Thron saß«.

KONSERVIERUNG

30 Sekunden Innovation

2009 wurde im irischen County Kildare ein 3000 Jahre altes Eichenfass mit Butter ausgegraben. Offenbar war das Konservieren von Lebensmitteln durch Verpacken etwas, das Menschen seit Jahrtausenden praktizieren. Die Römer konservierten saure Fischsoße, Olivenöl, Wein und andere Nahrungsmittel in versiegelten Amphoren oder Schläuchen. Außerdem machte man Nahrungsmittel dadurch haltbar, dass man sie vor dem Abfüllen in luftdichten Behältern erhitzte und so Mikroorganismen abtötete und Enzyme, die sie verderben ließen, »ausschaltete«. Doch erst in den 1860er-Jahren, als Louis Pasteur an Mikroorganismen forschte, begriff man den Vorgang der Sterilisation auch theoretisch. 1795 begann der französische Konditor Nicolas Appert mit luftdichten Behältern (Glasflaschen) zu experimentieren; seine Methode wurde später von der französischen Marine übernommen, die eine Konservierungsmethode für lange Expeditionen benötigte. Der englische Erfinder Peter Durand verwendete ein Gemisch aus Keramik und Glas für Gefäße zur Lagerung, 1810 patentierte er Behälter aus mit Zinn beschichtetem Eisenblech. Dosennahrung wurde 1822 in den USA von Thomas Kensett und Ezra Daggett eingeführt. Heute bestehen die Dosen aus Stahlblech, täglich werden alleine in den USA etwa 100 Millionen geöffnet.

3-SEKUNDEN-FOKUS
Blechdosen revolutionierten die Lagerung und Konservierung von Nahrungsmitteln im 19. Jahrhundert und sind noch immer gefragt.

3-MINUTEN-ÜBERBLICK
Das Recycling einer Blechdose spart so viel Energie, wie ein Fernseher in drei Stunden verbraucht, oder 74 Prozent der Energie, die für die Herstellung einer Dose benötigt wird. Aber nur etwa acht Prozent werden weltweit wiederverwertet. In China, Indonesien und anderswo zerstören Abbau und Einschmelzen von Zinn für die Weißblechdosen die Umwelt erheblich. Leichtere und umweltfreundlichere Verpackungsmaterialien verdrängen Dosen nun immer mehr.

VERWANDTE THEMEN

STAHL
Seite 24

LOUIS PASTEUR
Seite 80

KÄLTETECHNIK
Seite 148

3-SEKUNDEN-BIOGRAFIEN

NICOLAS APPERT
1750–1841
Französischer Konditor und Schnapsbrenner, der mit der Konservierung von Lebensmitteln in erhitzten, versiegel-ten Flaschen experimentierte.

PETER DURAND
1766–1822
Englischer Kaufmann und Erfinder, der 1810 das königliche Patent für die Konservendose erhielt.

30-SEKUNDEN-TEXT
Andrew Simms

Die Konservierung mag als Verfahren zur Verlängerung der Haltbarkeit verderblicher Lebensmittel modern erscheinen, ist aber deutlich älter, als man oft denkt.

DIE GLÜHBIRNE

30 Sekunden Innovation

3-SEKUNDEN-FOKUS
Die elektrische Beleuchtung veränderte die Welt, denn man konnte nun auch nach Einbruch der Dunkelheit arbeiten, zusammensitzen oder reisen.

3-MINUTEN-ÜBERBLICK
Das »hundertjährige Licht« in Livermore bei San Francisco, das seit 1901 fast ununterbrochen leuchtet, gilt als die langlebigste Glühlampe der Welt, ist aber die Ausnahme. In den 1920ern taten sich führende Glühlampenhersteller, darunter Osram, Philips und Tochterfirmen von General Electric zum Phoebuskartell zusammen und sprachen sich ab, die Lebensdauer von Glühlampen auf durchschnittlich 1000 anstelle von 1500–2000 Stunden zu beschränken. Die sparsamen Kompaktleuchtstofflampen von heute halten 8000 Stunden, LED-Lampen bis zu 50 000 Stunden.

Die Erfindung der Glühbirne glich eher einer allmählichen Dämmerung als einem überraschenden Geistesblitz. Zwar gebührt Thomas Edison Anerkennung für die wichtigsten Glühlampenpatente, aber diese sind oft Weiterentwicklungen anderer Erfindungen. An der Schwelle zum 19. Jahrhundert erfand der italienische Physiker und Chemiker Alessandro Volta eine Zink-Silberbatterie – auch »Volta'sche Säule« genannt – mit einem glühenden Verbindungsdraht aus Kupfer. Seine Erfindung gab einen Vorgeschmack auf die hellen Fäden von Edisons Birnen 80 Jahre später. Die extrem hellen »Bogenlampen« (mit Kohleelektroden verbundene Volta'sche Säulen) entwickelte 1802 der englische Erfinder Humphry Davy. 1840 wurde eine teure Glühbirne mit Platinglühfaden patentiert. Eine effiziente, langlebige Birne benötigte aber das richtige Fadenmaterial und ein Vakuum. Nach Jahrzehnten des Experimentierens kaufte Edison einige fremde Patente auf und versuchte, die Glühlampe zu kommerzialisieren. Dabei verwendete er Fäden aus Holz, Wolle und Tausenden Pflanzenfasern. 1879 meldete sein Team ein wichtiges Patent an und entdeckte, dass verkohlte Bambusfasern länger als 1000 Stunden hielten. Die 1910 eingeführten Wolframfäden wurden benutzt, bis die Glühbirne aus der Mode kam.

VERWANDTE THEMEN
DIE KAMERA
Seite 142

BEWEGTE BILDER
Seite 146

3-SEKUNDEN-BIOGRAFIEN

ALESSANDRO VOLTA
1745–1827
Italienischer Physiker, Chemiker, Elektro-Pionier und Erfinder, der die Batterie entwickelte.

THOMAS ALVA EDISON
1847–1931
Amerikanischer Erfinder und Geschäftsmann, der die erste kommerziell erfolgreiche Glühlampe patentieren ließ.

ELEKTRIZITÄTSVERBAND FÜR FRAUEN
1925–1986
Eine britische Organisation der *Women's Engineering Society* zur »Bekanntmachung der Elektrizität im eigenen Haus« und zur Werbung für eine »elektrische Hauswirtschaft«.

30-SEKUNDEN-TEXT
Andrew Simms

Wirtschaftliche Interessen verhinderten lange die Verbreitung elektrischer Beleuchtung.

DIE KAMERA

30 Sekunden Innovation

Die Mechanik der Kamera ist älter als meist angenommen. Dass das Licht durch ein kleines Loch ein Bild der Außenwelt in einen dunklen Raum projizieren kann, wussten schon die alten Griechen, und die Funktionsweise wurde von Aristoteles beschrieben. Die Entdeckung des chemischen Vorgangs, mit dem sich das Bild festhalten lässt, erfolgte viel später. Als »Camera obscura« (Latein für »dunkle Kammer«) konnten ein ganzer Raum oder auch eine Schachtel fungieren. Das Ganze begann mit den Heliographie- oder »Sonnenschrift«-Experimenten des Franzosen Joseph-Nicéphore Niépce. Nach jahrelangen chemischen Versuchen kombinierte er 1826–1827 eine Camera obscura mit einer Metallplatte, die mit lichtempfindlichem Bitumen bedeckt war, um die erste permanente Fotografie – eine Ansicht seiner Werkstatt – zu erstellen. Bei der Weiterentwicklung der Fotografie ging es u. a. um die Verringerung der Größe der Ausrüstung, eine schnellere Bilderzeugung und höhere Qualität. 1861 schoss der englische Fotografiepionier Thomas Sutton in Zusammenarbeit mit dem schottischen Physiker James Clerk Maxwell das erste Farbfoto. Drei Negative trennten rotes, grünes und blaues Licht auf eine Weise, die bis heute den chemischen und elektronischen Methoden der Bildaufnahme zugrunde liegt.

3-SEKUNDEN-FOKUS
Seit Jahrtausenden wusste man, dass Licht, das durch ein kleines Loch in einen dunklen Raum fällt, ein Bild an die Wand wirft. Die Chemie half, es einzufangen.

3-MINUTEN-ÜBERBLICK
In ihrer Anfangszeit trug die Fotografie zur Aufklärung von allerlei Mythen wie imaginären fremden Ländern oder dem wahren Gesicht des Krieges bei. Mit ihrem scheinbar getreuen Abbild schuf sie aber auch neue Mythen. Die Kamera wurde zum Wunderkästchen in den Händen von Reisenden und zu einem Werkzeug der Kontrolle in den Händen der Mächtigen. Da Smartphones meist eine Kamera besitzen, sind wir heute beinahe alle Fotografen.

VERWANDTE THEMEN
DER FERNSEHER
Seite 106

DAS SMARTPHONE
Seite 108

BEWEGTE BILDER
Seite 146

3-SEKUNDEN-BIOGRAFIEN

JOSEPH-NICÉPHORE NIÉPCE
1765–1833
Französischer Erfinder, der die erste Methode zur Aufnahme eines permanenten fotografischen Bildes entwickelte.

THOMAS SUTTON
1819–1875
Englischer Erfinder, der 1861 nach Maxwells Methode das erste Farbfoto schoss.

JAMES CLERK MAXWELL
1831–1879
Schottischer Physiker, dessen Forschung zur menschlichen Wahrnehmung von Farbe die Grundlage der Farbfotografie bildete.

30-SEKUNDEN-TEXT
Andrew Simms

250 Jahre dauerte es von der chemischen Entwicklung in der »Dunkelkammer« zum »Selfie«.

1897
Ermordung des Vaters wenige Wochen vor ihrer Geburt

10. Januar 1898
Geburt in Schenectady, New York

1901
Umzug der Familie nach Frankreich

1912
Rückkehr der Familie nach New York. Besuch der Rayson School und besonderes Interesse für Mathematik

1917
Physik-Diplom am Bryn Mawr College

1918
Master an der Universität Chicago. Wird als erste Frau und Wissenschaftlerin im Forschungslabor von General Electric eingestellt

1919
Veröffentlichung ihrer ersten wissenschaftlichen Abhandlung über den Einsatz von Kohle in Gasmasken als Giftstofffilter im Alter von 21 Jahren

1926
Erste Frau, der die Universität Cambridge einen Doktortitel in Physik verlieh, während sie unter Ernest Rutherford forschte

1933
Entwicklung eines »Farbmessers« zur Messung von Filmschichten mit der Stärke eines einzigen Moleküls

1935
Entwicklung einer Methode zum Auftragen mehrerer monomolekularer Filmschichten

1938
Entwicklung der Beschichtungsmethode für Antireflexglas (»unsichtbares Glas«)

1939
Verwendung ihrer Erfindung in »Vom Winde verweht« – der Film wurde für die Bildqualität gelobt

1951
Nach mehreren Ehrentiteln und anderen Auszeichnungen Verleihung der Francis-Garvan-Medaille der *American Chemical Society* als als erster Wissenschaftlerin aus der Industrie

1953
Keine Erwähnung in einem Artikel der Fachzeitschrift *Science* anlässlich der 75-Jahre-Feier des Forschungslabors von General Electric

1963
Ausscheiden bei General Electric

12. Oktober 1979
Tod im Alter von 81 Jahren; sie war immer noch aktiv im *Zonta Club* zur Unterstützung berufstätiger Frauen

KATHARINE BURR BLODGETT

Das Vermächtnis der Erfinderin

Katharine Burr Blodgett begegnet uns tagtäglich, wir starren es stundenlang an, ohne es zu bemerken. Wir sehen es, d. h. eigentlich sehen wir es nicht, wenn wir durch Fenster, Kameralinsen oder Windschutzscheiben schauen, Werbetafeln, Displays oder die Auslagen einer Vitrine betrachten. Blodgett entwickelte nämlich ein Verfahren zur Beseitigung entstellender Reflexionen im Glas, und wir sehen dank ihrem Antireflexglas deutlicher.

Die 1898 in Schenectady, New York, geborene Blodgett hat ihren Vater nie kennengelernt, denn er wurde kurz vor ihrer Geburt von einem Einbrecher getötet. Doch er lebte in ihr weiter: Sie arbeitete für dasselbe Unternehmen wie zuvor ihr Vater: General Electric. Ein Bekannter ihres Vaters, der spätere Nobelpreisträger für Chemie (1932) Irving Langmuir, ermutigte sie zu einer Forscherkarriere. 1918 wurde sie nach ihrem Abschluss an der Universität Chicago zu seiner Assistentin.

1924 setzte sie ihr Studium an der Universität Cambridge fort, wo sie bei Ernest Rutherford forschte. Sie promovierte als erste Frau an dieser Universität in Physik. Zuvor hatte sie mit Langmuir die Herstellung hauchdünner, gleichmäßig öliger Filme auf Wasser erforscht und anschließend nach einer Methode zur schichtweisen Übertragung der öligen Filme auf harte Oberflächen – sogenannter »Langmuir-Blodgett-Filme« – gesucht. Erst später fand sich dafür eine praktischer Anwendung. Durch Auftragen einer präzise abgestimmten Anzahl von Filmschichten auf Glas ließen sich, wie Blodgett herausfand, Reflexion und Blendung stark verringern. Doch das Antireflexglas war nicht ihr einziger wichtiger Beitrag: Während des Zweiten Weltkriegs arbeitete sie an der Entwicklung von Schutzmaßnahmen gegen Giftgas, an Methoden zur Enteisung von Tragflächen und an Rauchvorhängen für Bodentruppen.

Ihre Hobbys waren Theater, Astronomie und Gartenbau ; sie ging zwei langanhaltende Beziehungen ein – mit Gertrude Brown und mit Elsie Errington. Blodgett erhielt zwar zu Lebzeiten viele Auszeichnungen und Ehrentitel, wurde aber im Artikel zum 75-Jahr-Jubiläum der Forschungsabteilung von General Electric, der 1953 im Magazin *Science* erschien, an keiner Stelle erwähnt.

Andrew Simms

BEWEGTE BILDER

30 Sekunden Innovation

Wie die Camera obscura als Vorläufer des modernen Fotoapparats gilt, gilt das Zoetrop, eine Drehtrommel mit seitlichen Spalten, als Wegbereiter der Filmkamera mit ihren bewegten Bildern. Der eigentliche, allerdings kaum bekannte Erfinder der bewegten Bilder ist das menschliche Gehirn. Beim Zoetrop blickte man jeweils kurz auf eine Abfolge von Standbildern, die das Gehirn aufgrund der Nachbildwirkung und des Phi-Phänomens als kontinuierliche Bewegung wahrnimmt – eine Sinnestäuschung. Die erste bewegte Fotografie war ein galoppierendes Pferd, die 1877 Eadweard Muybridge in seiner Faszination für Tierbewegungsstudien als Bildsequenz aufnahm. Er befestigte die Bilder auf einer Drehscheibe nach Art eines Zoetrops. Damit wurde eine lang anhaltende Debatte beigelegt: Er bewies, dass alle vier Hufe des Pferdes gleichzeitig vom Boden abheben. Die Erfindung des Zelluloid-Films im Jahr 1888 und der Kinetograf, ein Mechanismus zur Synchronisierung der Bewegungen und Filmbelichtung, stellten die nächsten Entwicklungsschritte dar. Schließlich entwickelten Auguste und Louis Lumière mit dem Kinematografen die Projektionstechnologie und stellten sie 1895 vor.

3-SEKUNDEN-FOKUS
Mechanische Verbesserungen, die eine schnelle Bildsequenz ermöglichen, sprachen die Fähigkeit des Gehirns an, Bilder zusammenzufügen, wobei die Illusion einer Bewegung entsteht.

3-MINUTEN-ÜBERBLICK
Bewegte Bilder ermöglichen uns, die Wirklichkeit zu überdenken und ihr zu entfliehen – was wohl das Geheimnis ihrer hohen Anziehungskraft ausmacht. Viele der ersten Filme zeigten in simplen Bildfolgen Menschen, Straßen oder häusliche Szenen. Aber die neue Möglichkeit, bekannte Gesichter und Orte einzufangen und so Erfahrung und Standort des Zuschauers in der Welt zu relativieren, wurde schon bald auch für Fantasiewerke wie *Die Reise zum Mond* des französischen Filmemachers Georges Méliès (1902) genutzt.

VERWANDTE THEMEN
DAS FERNSEHEN
Seite 106

DAS SMARTPHONE
Seite 108

DIE KAMERA
Seite 142

3-SEKUNDEN-BIOGRAFIEN
EADWEARD MUYBRIDGE
1830–1904
Englischer Fotograf, dessen Bewegungsstudien von Tieren die ersten fotografischen bewegten Bilder schufen.

ALICE GUY-BLACHÉ
1873–1968
Französischer Filmpionier, der mit Klang, Farbe, Spezialeffekten und multiethnischer Besetzung experimentierte; Urheber des wahrscheinlich ersten Erzählfilms, *La Fée aux Choux* (1896).

30-SEKUNDEN-TEXT
Andrew Simms

Wenn uns die Realität in Rage bringt oder langweilt, entführen uns bewegte Bilder.

E
A
B
B'
C

KÄLTETECHNIK

30 Sekunden Innovation

In der Wärme verdirbt Essbares schnell, und so wurden schon immer Verfahren zur Kühlung gesucht. Vor dem Zeitalter der modernen Kältetechnik gab es das viktorianische Eishaus. Haushaltskühlschränke sind eine Erfindung des 20. Jahrhunderts, doch die künstliche Kühlung unter Einsatz der »Dampfkompression« zur Abführung von Wärme aus einem geschlossenen Raum kann bis zu den Vorführungen des schottischen Physikers William Cullen in den 1740er-Jahren zurückverfolgt werden. Ein Jahrhundert später wurden kommerzielle Kühlsysteme für die Industrie eingeführt, etwa das vom Journalisten und Maschinenbauingenieur James Harrison für die Fleischindustrie entwickelte Verfahren – 1856 patentiert und wenig später eingeführt. Die heutigen Haushaltskühlschränke kamen in den USA auf. 1913 stellte Fred W. Wolf, der Sohn eines industriellen Wegbereiters der Kältetechnik, in Fort Wayne im US-Bundesstaat Indiana einen kommerziellen elektrischen Haushaltskühlschrank vor. Im Jahr darauf entwickelte Nathaniel B. Wales in Detroit eine Einheit, die er »Kelvinator« nannte – nach dem Physiker William Thomson (Lord Kelvin), dem Entdecker des absoluten Nullpunkts. Wie bei vielen ähnlichen Produkten, die damals auf den Markt kamen, geht der Kühlschrank somit nicht auf einen einzelnen Erfinder zurück.

3-SEKUNDEN-FOKUS
Ein neugieriger schottischer Arzt, der Gase und Teilvakuen darauf untersuchte, ob und wie stark sie Wärme entziehen können, steht am Anfang der Kältetechnik.

3-MINUTEN-ÜBERBLICK
Die künstliche Kühlung macht das Leben deutlich angenehmer. Das geht allerdings auf Kosten der Umwelt: von der Entsorgung der Kühlschränke über den Energiebedarf bis zu umweltschädlichen Chemikalien. Als man feststellte, dass die in der Kältetechnik eingesetzten Chemikalien die uns schützende Ozonschicht angreifen, wurden neue Kältemittel entwickelt, die sich jedoch als Mitverursacher der globalen Erwärmung herausstellten. Seitdem wird weiter nach praktikablen Wegen zur Kühlung gesucht.

VERWANDTES THEMA
KONSERVIERUNG
Seite 138

3-SEKUNDEN-BIOGRAFIEN

WILLIAM CULLEN
1710–1790
Schottischer Mediziner und Chemiker, Autor des Essays »Of the Cold Produced by Evaporating Fluids and of Some Other Means of Producing Cold«.

FRED W. WOLF JR.
1879–1954
Amerikanischer Erfinder, der einen Haushaltskühlschrank entwickelte und vermarktete: den DOMELRE, sprich »Domestic Electric Refrigerator«.

30-SEKUNDEN-TEXT
Andrew Simms

Die Kältetechnik machte Lebensmittel länger haltbar – allerdings zu Lasten der Umwelt.

DIE ZENTRALHEIZUNG

30 Sekunden Innovation

Die Ausbreitung des Menschen auf unserem Planeten verdankt sich seiner Anpassungsfähigkeit an die unterschiedlichsten Umgebungen – in Behausungen auf Permafrostböden oder als Nomade in kargen Wüste. Allerdings mussten wir erst die Temperatur unserer Bleibe in den Griff bekommen. Früher bedeutete das kluges umweltgerechtes Bauen – dicke Wände zur Isolation und Lüftungslöcher an den richtigen Stellen. Dann kam die Zentralheizung. Die Römer, teilweise auch die Griechen, benutzten in der Antike Unterboden- und Wandheizung, bei der heiße Luft durch Tonrohre geleitet wurde. Allerdings verläuft Fortschritt nie in gerader Linie, und so geriet das Konzept der Zentralheizung für Jahrhunderte in Vergessenheit. 1793 entwickelte der Mühlenbesitzer William Strutt im englischen Derby einen Heißluftofen, um seine Fabrik zu beheizen. In angepasster Form verbesserte dieses Verfahren die Zustände in Krankenhäusern. Der schottische Erfinder und Dampfpionier James Watt entwickelte ein Dampfheizsystem für den Haushalt, das auch in Treibhäusern eingesetzt wurde. Doch die symbolträchtigste Erfindung im Bereich der Zentralheizung, der 1857 patentierte Heizkörper, gelang dem russischen Erfinder und Geschäftsmann Franz San Galli.

3-SEKUNDEN-FOKUS
Seit Jahrtausenden wussten die Bessergestellten, wie man sein Haus warm hält, aber dank der Zentralheizung haben wir uns alle an diesen Komfort gewöhnt.

3-MINUTEN-ÜBERBLICK
Der Komfort der Zentralheizung hat seinen Preis. Wie die Energie, die die industrielle Revolution antrieb, werden auch die warme Luft, der Dampf und das heiße Wasser für eine wohlige Temperatur in unseren Häusern durch die Verbrennung fossiler Brennstoffe erzeugt. So hat das Heizen unserer Häuser zur raschen Erwärmung und Destabilisierung unseres Klimas beigetragen. Die Zukunft des komfortablen Heims ist das »Passivhaus«, geheizt mit erneuerbarer und passiver Sonnenenergie.

VERWANDTE THEMEN
DIE DAMPFMASCHINE
Seite 46

DER VERBRENNUNGSMOTOR
Seite 48

DIE TOILETTE
Seite 136

3-SEKUNDEN-BIOGRAFIEN

JAMES WATT
1736–1819
Schottischer Erfinder, der sein Wissen über thermische Energie auf das Heizen von Häusern anwendete.

WILLIAM STRUTT
1756–1830
Englischer Mühlenbesitzer, der Gebäude sicherer machte, indem er Eisenrahmen mit einer eigenen Heizmethode erwärmte.

FRANZ SAN GALLI
1824–1908
Russischer Erfinder, dessen Erfindungen der Zar auszeichnete.

30-SEKUNDEN-TEXT
Andrew Simms

Das Gleichgewicht der Biosphäre beginnt bei uns zu Hause.

ANHANG

QUELLEN

BÜCHER

Blessed Days of Anaesthesia: How Anaesthetics Changed the World
Stephanie Snow
(Oxford University Press, 2008)

Computer: A History of the Information Machine
Martin Campbell-Kelly
(Westview Press, 2013)

ENIAC: The Triumphs and Tragedies of the World's First Computer
Scott McCartney
(Walker, 1999)

Guglielmo Marconi: Building the Wireless Age
Tim Wander
(New Generation Publishing, 2015)

History, Theory and Practice of the Electric Telegraph
George Bartlett
(Adamant Media Corporation, 2004)

Johannes Gutenberg and the Printing Press
Diana Childress
(Twenty-First Century Books, 2008)

Philo T. Farnsworth: The Father of Television
Donald Godfrey
(The University of Utah Press, 2001)

Rebels on the Air: An Alternative History of Radio in America
Jesse Walker
(New York University Press, 2001)

Röntgen Centennial: X-rays in Natural and Life Sciences
Gottfried Landwehr
(World Scientific, 1997)

Smartphones and Beyond: Lesson From the Remarkable Rise and Fall of Symbian
David Wood
(Amazon Media, 2016 Kindle Edition)

Television: An International History of the Formative Years
R. W. Burns
(Institution of Engineering and Technology, 1997)

The Alphabet
David Sacks
(Hutchinson, 2003)

The Gutenberg Revolution: How Printing Changed the Course of History
John Man
(Transworld Publishers, 2010)

The Pill: A Biography of the Drug That Changed the World
Bernard Asbell
(Random House, 1995)

The Smartphone: Anatomy of an Industry
Elizabeth Woyke
(The New Press, 2014)

The Story of Writing: Alphabets, Hieroglyphs and Pictograms
Andrew Robinson
(Thames & Hudson, 2007)

The Victorian Internet
Tom Standage
(W&N, New Ed Edition, 1999)

Wheels of Fortune – A Salute to Pioneers
Sir Arthur Du Cros
(Chapman & Hall, 1938)

ZEITSCHRIFTENARTIKEL

»A Brief History of Cardiac Pacing«
Oscar Aquilina
(*Images Paediatr. Cardiol.*, 2006, 27: 17–81.)

INTERNETSEITEN

ancient.eu
Jan van der Crabben, Alphabet
www.ancient.eu/alphabet

engineersgarage.com
Samidha Verma, Invention Story of Radio
www.engineersgarage.com/invention-stories/radio-history

history-of-the-microscope.org
David Bardell, The Invention of the Microscope
www.history-of-the-microscope.org

thoughtco.com
Mary Bellis, The History of the Telegraph and Telegraphy
www.thoughtco.com/the-history-of-the-electric-telegraph-and-telegraphy-1992542

Mary Bellis, The History of Television
www.thoughtco.com/television-history-1992530

NASA (National Aeronautics and Space Administration)
Global Positioning System (GPS)
www.nasa.gov/directorates/heo/scan/communications/policy/GPS_History.html

psprint.com
PsPrint, The Invention of the Printing Press
www.psprint.com/resources/printing-press/

turing.co.uk
Andrew Hodges, Alan Turing: The Enigma
www.turing.org.uk

w3.org
World Wide Web Consortium, W3C
www.w3.org

webfoundation.org
World Wide Web Foundation, The Web Belongs to All of Us
www.webfoundation.org

ZU DEN AUTOREN

HERAUSGEBER

David Boyle ist ein britischer Autor und Journalist, der vor allem über geschichtliche Ereignisse und neue Ideen schreibt. Mit *Authenticity: Brands, Fakes, Spin and the Lust for Real Life* setzte er eine Diskussion über Echtheit als gesellschaftliches Phänomen in Gang und *Funny Money: In Search of Alternative Cash* gab in Großbritannien den Startschuss für die »Zeitbank-Bewegung«. Seine Arbeit zur Geschichte und Zukunft des Geldes wurde in Büchern und Broschüren wie *Why London Needs Its own Currency, Virtual Currencies, The Money Changers: Currency Reform from Aristotle to E-cash, The Little Money Book* und *Money Matters* besprochen, und viele seiner spannenden Bücher zur Geschichte wie *Blondel's Song: The Capture, Imprisonment and Ransom of Richard the Lionheart, Toward the Setting Sun: Columbus, Cabot, Vespucci and the Race for America, Alan Turing: Unlocking the Enigma* und *Before Enigma: The Room 40 Codebreakers of the First World War* fanden großen Anklang.

AUTOREN

Judith Hodge war in England und Neuseeland als Redakteurin und Autorin tätig. Ihre Bücher und Artikel behandeln wissenschaftliche und gesundheitliche Themen sowie den Konsum umweltfreundlicher Produkte, so der *New Zealand Green Guide.* Nach einer Umschulung zur Ernährungsberaterin gibt sie zurzeit die Zeitschrift *Nutrition Exchange* über Ernährung in den Entwicklungsländern mit heraus.

Diana Rawlinson leitete ein lexikografisches Datenbankprojekt, in dessen Rahmen das Wörterbuch *New English–Irish Dictionary* erstellt wurde. Von 2009 bis 2013 vertrat sie das Forschungsunternehmen Lexical Computing Ltd bei Projekten im Rahmen des EU-Bildungsprogramms *Lebenslanges Lernen*. 2016 verfasste sie *The Oxford Handbook of Lexicography* mit. Gegenwärtig arbeitet sie als freie Autorin.

Andrew Simms ist Volkswirtschaftler, Umweltschützer, Mitbegründer des New Weather Institute sowie wissenschaftlicher Mitarbeiter am *Centre for Global Political Economy* der University of Sussex und Mitglied (Fellow) der unabhängigen Denkfabrik ***New Economics Foundation*** (NEF). Er begründete das NEF-Programm für Klimawandel, Energie und Interdependenz, leitete das Projekt des »großen Wandels«. Im Rahmen von Studien zu lokalen Wirtschaften prägte er den Begriff »Klonstädte«, mit dem er die Vereinheitlichung des Erscheinungsbildes von Straßen durch Ladenketten beschrieb. In seinem Buch *Tescopoly* behandelte er die Auswirkungen der Dominanz der Supermarktkette Tesco auf dem Lebensmittelmarkt und in *Ecological Debt* die Überforderung unseres Planeten durch den Menschen. Als Mitverfasser von *The New Economics* und *Green New Deal* ersann er den »Ökoschuldentag« (»Weltüberlastungstag«), an dem unsere Nachfrage nach natürlichen Ressourcen die Fähigkeit der Erde zu deren Reproduktion im betreffenden Jahr überschreitet. Er schreibt regelmäßig für den *Guardian* und wurde von der Zeitschrift *New Scientist* als »Meister des vernetzten progressiven Denkens« bezeichnet. In seinem neuesten Buch *Cancel the Apocalypse: The New Path to Prosperity* zeigt er völlig neue wirtschaftliche Möglichkeiten auf. Auf Twitter kann man ihm unter @andrewsimms.uk folgen.

INDEX

BILDNACHWEIS

Der Herausgeber dankt den nachstehenden Institutionen für die Genehmigung zur Reproduktion urheberrechtlich geschützten Materials:

Alle Abbildungen von Shutterstock, Inc. und Clipart Images, sofern nicht anders angegeben

Alamy/Blend Images 87UL / Paul Quayle 109U

Europeana Collections/British Library 9U, 9M, 9O, 15UL, 15UR, 15M, 17OR, 19OL / Wellcome Library, London 19ML; 23M / Wellcome Library, London 34MR; 39UL, 42M, 42UL, 42UR / British Library 47OR; 55O, 55MR, 55UM / British Library 57OL / Wellcome Library, London 75 / British Library 77UL; 77MR, 77OR, 79UL, 79OL, 83ML, 85U, 85M, 85O, 95U, 95M, 95ML, 97OM, 99OM, 115OR, 117UM, 117M, 117MR, 117OL, 119M, 123OM / British Library 125MR; 137UL, 137M, 139OR

Flickr/Ur Cameras 65UR

Library of Congress 17OL, 27M, 29ML, 37, 47OM, 47ML, 49, 57M, 57UL, 60, 63OL, 63OR, 67U, 73ML, 97OR, 97U, 101UL, 101MR, 101OL, 101OR, 105UL, 105MR, 105OM, 117ML, 117OL, 131M, 139UR, 141MO, 149ML, 149MR, 149OR

NASA 67U

National Portrait Gallery, London 40

New York Public Library Digital Collection 65OR, 65OL, 137OL, 137OR, 137UR

Mit freundlicher Genehmigung des US Naval Research Laboratory 67OM, 157

Okänd/Tekniska Museet 143M, 147M, 147OR

Sarah Skeate 120

Smithsonian Institution Archives 144

Wellcome Library, London 9, 35O, 43, 47

Wikipedia 9M, 15L, 15M, 17M, 17ML, 17OL, 17OR, 19M, 19UR / Chemical Heritage Foundation 20; 23U, 23MR, 25OL, 25OR, 25M, 25UR, 27OL, 35OL, 39OR, 45M, 45MR, 47ML / Wellcome Library, London 47OL; 47OR, 59O, 59ML, 59UR, 63M, 63UM, /US Coast Guard 65MR; 79OL, 79OR, 79UR / Félix Nadar 80; 83OL, 83MO, 85M, 89UL, 89ML, 89M, 97U / Paul Clarke 102; 107UR, 107ML, 107MR, 107OM, 115MO, 119M, 119UM, 119ML, 119MR, 123UR, 123M, 125UR, 125ML, 127UL, 143MR, 147ML, 147MR, 147OM, 149OR

Yale Center for British Art 23OR, 35UL, 39M